品成

阅读经典 品味成长

做自己的内在父母

So stärken Sie Ihr Selbstwertgefühl:
Damit das Leben einfach wird

[德]斯蒂芬妮·斯塔尔 —————— 著

胡静 —————— 译

人民邮电出版社

北京

图书在版编目（CIP）数据

做自己的内在父母 /（德）斯蒂芬妮·斯塔尔著；
胡静译 . -- 北京 ：人民邮电出版社，2025. -- ISBN
978-7-115-65473-1

I. B842.6-49

中国国家版本馆 CIP 数据核字第 2024JC1321 号

◆ 著 ［德］斯蒂芬妮·斯塔尔
　 译 胡 静
　 责任编辑 马晓娜
　 责任印制 陈 犇
◆ 人民邮电出版社出版发行 北京市丰台区成寿寺路 11 号
　 邮编 100164 电子邮件 315@ptpress.com.cn
　 网址 https://www.ptpress.com.cn
　 文畅阁印刷有限公司印刷
◆ 开本：880×1230 1/32
　 印张：9 2025 年 1 月第 1 版
　 字数：170 千字 2025 年 1 月河北第 1 次印刷
　 著作权合同登记号 图字：01-2022-6372

定价：52.80 元

读者服务热线：（010）81055671 印装质量热线：（010）81055316
反盗版热线：（010）81055315
广告经营许可证：京东市监广登字 20170147 号

序　言

我小心地穿过丛林。天气很冷，天色微明，我看得不是很清楚。我经常就那样站着，审视着我自己。敌人在各处偷听。他们把自己藏进了埋伏点。或许可能那些都只是影子呢？

"不安星球"上的生活是危险的，每天的挑战令人应接不暇。很多坏人生活在这里。他们比我强大，而且比我聪明。他们中有很多人想要干掉我，因为我比他们弱小。尽管这里还住着一些友善的人，但是我也不能完全放心。我常常想这不会对我造成什么影响，但是我搞错了！砰！它已经朝着我的心揍了一拳。我还得再小心一点儿。

在我住的这个星球上，越强大的人生活得越好。尽管他们着实让我感到厌恶，但是比起成为一名弱者，我宁愿成为强者中的一员。当我还是孩童时，我就在跟我的弱点做斗争。我真的很努力，到现在我也仍然没有停止斗争。我尝试着把所有的事情都做对，但我还是那个无足轻重的人。有时我觉得自己很强大。这种感觉真好，但只停留了片刻。然后，我对自己说："现实一点儿！

不要高估你自己，否则你只会摔得更重。"

为了不让所有人知道我的弱小，我给自己戴了一顶隐身帽。这样至少我可以假装自己是强大的。不戴这顶帽子，我是不会出门的。当我戴上了这顶帽子，那些强大的人就会认为我是他们中的一员，这样他们才会让我好过些。

如果我不害怕摘掉帽子，那该有多好。但我不敢想象那会发生什么。在这里，弱者就是该死。

因为我的弱小，我恨我自己。我也恨那些强大的人，但是我肯定不会跟他们说，否则我立马就会完蛋。

除了戴隐身帽，我还学会了一些生存技能。在"不安星球"上，这是必需的，当我还是孩童时，我就掌握了这些技能，现在我把这些技能也教给我的孩子——

"闭嘴"是最重要的。去做那些别人期待你做的事情，最好可以超出别人的期待。当一个强者想从你身上获取东西时，永远不要说"不"。最好可以提前知道他要什么，这样你还能更快地做出反应。认清并适应现状！

这就是我看待事物的方式，我也是这样再三叮嘱我的孩子们的。

有一些弱者会反抗。他们认为叛逆可以带来改变。他们经常反抗，甚至因为琐事跟其他人针锋相对。他们的攻击性和强者很像。但是，他们不是强者的对手。

最近，我在报纸上看到一个星球，它的名字是"安全星球"。据说，那里的生活完全不同。住在那里的人们不仅爱别人，而且爱自己。我觉得如果我变得强大，我也会爱自己。在那个星球上，就算人们有缺点，他们也爱自己。为什么会这样呢？另外，那里的人们总是心情很好。没错，这我也能想象，如果我自己能说服自己的话，我可能也会心情很好。

后来，他们在那里采访了一个人。他说，尽管在他们那里也有坏人，但是那里的大多数人都很好。当他走出房子的时候，他不会觉得自己受到威胁。记者还问他是不是没有戴隐身帽，他告诉记者，他不知道隐身帽是什么。他居然不知道隐身帽，真让人难以置信！记者又问他会如何面对自己的弱点。他说，尽管他也在克服这些弱点，但他可以和自己的弱点和平相处，而且其他人也不是完美无缺的。

我想，他应该到我们这里来，这样他就不会这样吹牛了。

后来，记者问他，如果他受到了攻击，他会做什么。那个人说，那他只好反抗了。至于如何反抗，这取决于当时的情形。一般来说，他认为只要告诉对方其做法不合适，就足够了。哈哈，这快把我笑死了。要是我跟一个强者说："我觉得你做得不对！"他会觉得我疯了，他会笑死的！

然后，那个人还讲述了他的人生：他会给自己设定目标，然后尝试着去实现目标。他也已经达成了很多目标。他有一份让人羡慕的工作，家里还有一位温和美丽的太太和两个可爱的孩子。有些目标他还没有实现，但是他觉得这也没什么。"失败并不可怕，可怕的是停滞不前！"他回答道。

年轻人，年轻人，他真是疯了！而我得非常小心，才不至于摔倒。我的父亲总是说："生活中要始终小心谨慎。"然后，那个人还说，他每天都对生命赋予他的一切心怀感激。啊，他可能还会拥抱大树呢，那个人真是会胡说八道。

最后，记者问他，进入他们的星球有什么样的条件。那个人回答说："非常简单，你只需要能接受你原本的样子！"

我就是我，

这就是全部的我！

大力水手

目　录

做自己的内在父母

第一部分

有意识地成为自己

第一章　我能更好地运用自我价值感

自我、价值和感觉是用来描述一个人关于生活方式和生活满意度的内在信念的。关于自我价值感这个话题，也许每个人都能说些什么。每个人似乎都在用自己的方式理解这个概念。我遇到的大多数人都认为他们的自我价值感不高。对于这个话题，我听到的最多的话是"我还需要更多的自我价值感"。自我价值感的近义词是自尊、自信和自我意识。这么看来，应该没有谁没考虑过这个话题吧？

我认为"自尊"这个概念是最为贴切的，因为这才是人们力量的源泉。提到自我价值感，人们首先不会感觉自己的自我价值感低，而是会感到恐惧或羞愧。同其他感觉一样，恐惧和羞愧也会带来身体层面上的反应：发麻、心跳加快、胃部或胸部有压力、缺氧、发抖或麻痹。这类身体反应会让我们意识到自己处于恐惧或羞愧的状态；它们能让我们意识到自己正处于不被信任或缺乏价值感的状态；它们提醒我们，我们现在缺乏信心或者传递出自我价值感不足的信号。由此，我们当然还会产生悲伤、失望、无助或愤怒的感觉，我们的身体也会对此有所感知。

"你要积极一点儿！"人们在自我价值感受挫时经常会听到这句话。"积极思考！""真的太棒了！"这些话好像对别人说比对自己说更管用。当人们对自己说或者听到这些话时，在大多数情况下是没用的，比如"你会成功的！""你可以的！""你很棒！""别人想什么跟你无关！"等。我从来没有见过一位女士会因为每天在镜子前面大声告诉自己"你很美！"就能变得更自信，即使她对那句话深信不疑。老实说，我也从未见过有人这样尝试过。如果有人认为自己什么都不是，那么他早已经知道，不管别人对他说什么，对他的帮助都不大。这源于说服的本质，就好像一只猫咬住了自己的尾巴，只是在自我逃避而已。但是，当人们对自己的形象感到不确定时，他就不可能产生积极的思维方式，因为比起接受肯定，人们更容易听见怀疑的声音。一般来说，如果一个人的无力感或对失败和耻辱的恐惧感根深蒂固，他的这些感觉就不容易被简单的话语或建议影响。"我听到了你的话语，不过我深表怀疑！""这些理论我都懂，但是我仍然无法改变！"这些都是自我价值感受挫者对于自己情绪状态的评价。

例如，我在写下这几句话时，始终怀疑自己是否能写好这个复杂的话题。我内在的声音告诉我：在这个话题领域，你的大脑一片空白，你写不了！这些怀疑阻碍了我的思维。另外，我的内在还有另一个声音告诉我：你完全可以处理这件事——这对你来说不是第一次，对于这个主题，你也有话要说。因此，我偷听着我的内在质疑方和自信方的讨论，不知道自己应该站在哪边。在这个过程中，我无所事事地坐着、喝着咖啡、发着呆，而时间在流逝，我不知道这是否有意义，也在考虑我是否应该再写一本书。在我的书桌旁边是我的钢琴，我心里想着，要不把写作的事情先放一放，弹弹钢琴再说。但是我的身体不听使唤，仍然倔强地坐着，因为我不打算放弃，因为我内在的声音在说服我：你必须做！幸运的是，我并不缺乏自信，正因为此，我才确信自己其实对这个工作没有使命感。理想的状态应该是身为作者的我把自己从不自信中解救了出来，就应该可以从内而外地向我的读者解释这种机制是如何运转的。但现实是这些思维扰乱了我的写作欲望，使我陷入了自我怀疑。每个人都熟悉我的这个状态，它也会根据情境出现。如果这种自我怀疑经常出现或者深度啮噬着一个人，他就会进入一种低自尊的状态。

从原则上来说，低自尊的状态只是对内在状态的过分放大，我们每个人或多或少都经历过。例如，如果一个人患有抑郁症，他的内在状态就是非常悲观的、缺乏意义感的。他对所有事都没有兴趣，也无法振作精神。在他的眼中，生活只有黑色和灰色，他甚至可能会想要绝望地结束自己荒凉的生命。同时，对于他而言，只要在寻求意义这个问题上没有得到令自己满意的回答，他的心里就会过不去，这就是他的人生信念。而这种悲观主义的心

做自己的内在父母

理状态是完全可以被理解的——我们的生活中确实充满了风险、未知和不确定性。你有时会感到空虚、悲伤、无力，这并不奇怪。抑郁只是正常思想和感觉的夸大状态。

受到抑郁困扰的人陷入了一种负面情绪被无限放大、正面情绪被无限缩小或者根本不存在的精神状态。低自尊也是一种夸大的心理状态，受到这种状态影响的人们会放大自己的缺点和他人的优点，缩小自己的优点和别人的缺点。或者无论发生什么，他都习惯性地抬高自己、贬低别人。关于这种情况，稍后再谈。

第二章　如何判断一个人是否自信

　　这个问题的答案非常简单：自信的人能接受自己的缺点，而不自信的人不能接受自己的缺点，过分看重自己的缺点，关注除了他别人根本不会注意到的缺点。不自信的人在为人处世时以缺点为导向。他们能感受到"自己是谁"和"自己想成为谁"之间的巨大矛盾。心理学家将这个矛盾称作"真实自我和理想自我之间的矛盾"。

　　不自信的人的这种对于真实自我和理想自我的关注源于一种对生活的基本感知，这种感知是个体对自己多个维度的主观体验，我们无法用语言准确描述出来。我们可以说这是一种不受欢迎的主观感觉，是一种对于自己是否受欢迎、是否被接受的深度不安，是一种对自我感知和判断的怀疑，也是一种认为他人肯定会对自己做出负面评价的悲观期待，还是一种自己无法保护自己的信念。

　　如果一个人一直承受着低自尊的困扰，也就是说这种感觉不仅仅是偶尔发生或者视情况发生，那么他的整个人生都会受到重大影响。我认为，几乎所有的心理障碍归根结底都是由于低自尊。

当然，大多数低自尊的人并不会产生心理问题，也并不会全盘否定自己所有的能力。例如，克劳斯先生觉得自己在跟他人相处的过程中会感觉到不安和羞怯，但是他坚信自己是一位好父亲，所以他在跟孩子们相处时感觉自己是放松、自信的。再比如，马勒女士觉得自己在生活中是一只灰色的老鼠，经常被忽略，但是在工作中她会觉得自己很重要并且也受到了尊重。

因此，对于低自尊的人而言，他们也能找到发挥自己才能或者有成就感的地方。而且，一个人体验到的是安全感还是不安全感，取决于他所处的社会环境。跟朋友在一起时，他会感到安全感；但面对工作领导时，他可能就感到不安和警惕。同理，一个高自尊的人也会遇到让他产生强烈自我怀疑的情况。

第三章　是什么导致低自尊

我坚信，如果一个人能全方位地看待并分析问题，他就可以很好地解决问题。因此，接下来我会详细地从几个方面来探讨低自尊产生的问题。在后续的章节里，我会给出许多建议，帮助读者将这些单独的部分组合成稳定的内在自我价值框架。但是，我不仅会研究那些导致低自尊的问题，也会讨论它所带来的好处——虽然这并不常见。因此，我会让大家发现缺乏自信的人也有着闪光之处。

不过，我们首先要讨论的是导致低自尊的问题。通常来说，这类问题有着两面性。一方面，低自尊会给个体带来令人痛苦的感受和经历，而这些感受和经历往往会导致问题行为，加剧或恶化问题。低自尊会给个体自身带来很多痛苦，在生活上会更吃力，生活缺乏乐趣。我认为，帮助读者去掌控自己的生活很重要，所以我会在这个话题上多做延伸。

另一方面，我认为也是很重要的问题——很多不自信的人会试图采取策略去解决内在的恐惧，这不仅对他们自身不利，还会对身边的人产生负面影响。所以，低自尊会对社会交往产生消极影响。也就是说，一个低自尊的人不仅是一般意义上的受害者，而且也是施害者。你可能无法一下子理解这种说法，但是我认为如果你想改变自己的境遇，就必须理解这一点。因此，我想告诫低自尊、不自信的你，不要只关注自己的痛苦，也要注意自己对周围的人产生的影响。

虽然我们在短期内面对这个话题会感觉痛苦，但是从长期来看，这对于培养健康的自我意识非常有益。如果我的文字在某些时候显得过分严厉，我想此刻就跟你说声抱歉，但是我这些坦诚的文字都是为了更好地帮助到你。所以，你只需要这样理解：通过这本书，我主要是想告诉你，生活的主旨不在于被他人喜欢，而是正确地处理问题。如果我有时说了些令你感到不适的真相，我会先讲一个案例作为引导。但在这里，我想先聊聊关于低自尊的一些"症状"。

内心容易受伤

对低自尊的人来说，最糟糕的是他们极其容易受伤。他们往往在自己的童年时期受过伤并且没有被治愈。从某种意义上说，他们携带着一种很深的内在创伤。这种内在创伤可以形容为一种深深的不安全感。他们总在内心深处问自己一个问题：我是否被他人喜欢？是否受欢迎？没有人能够在心理上忍受自己不被任何人喜欢——被团体、族群排除在外是人类的一种原始恐惧，而这就是缺乏安全感的人内心深处的恐惧。如果他们能明确意识到自己的恐惧是小题大做，问题也就解决了，但这类人往往思维混乱、缺乏理性，完全没有意识到自己的恐惧程度很严重。除了这种对不受欢迎的恐惧，他们还会有一种主观层面上的无力感，也就是对被否定的恐惧。或者换句话说，他们觉得自己根本无法独立应对生活。

通常来说，即便是一个自信的人，在人生中也至少会遇到一次让他承受巨大伤痛的经历。这次巨大的打击会让他摔个跟头，使他突然之间觉得摇摇欲坠，并对自己和世界产生怀疑。人们的自我价值感会因此降低。这种感觉在大多数人身上不会永远存在，因为几乎没有人能一直能承受这种感觉。但是，这种不确定、跌跌跄跄的感觉会在低自尊的人身上持续存在。这就是他们很容易受伤的原因。他们认定自己会被否定和拒绝，因而会经常体验到这类感觉。正是因为他们内心深处的不安，无伤大雅的玩笑或者中性的评价也会让他们产生错误的认知，感觉自己受到了伤害。在与不自信的人沟通的过程中，我总是能发现，他们也容易把周围人的表达和行为解读成消极的、有针对性的，而这些话实际上是中性的甚至积极的评价。对于很多人来说，这几乎已经成为他们潜意识的自动反应，使他们无法感知身边的人中性或积极的表达。

除了假想的伤害，当然也存在来自其他人真实的否定和侮辱。

这两类行为无疑是给不自信的人的伤口上撒盐，确实很痛。由于他们经常防御过度，面对评价常常无言以对，也给不出正确的回应，有时候他们甚至不会做出任何反应，所以伤痛愈合的过程十分缓慢。我们不难想象，他们在这种状况下会多么痛苦。为了避免受伤，低自尊的人必须尽可能地变得无坚不摧。这必然会花费大量的生命能量，然而更糟糕的是：这种努力终究徒劳，他们还是不可避免地承受着伤痛。

害怕犯错和做出错误的决定

低自尊的人总是带着防御心态生活。这意味着，他们努力避免犯错——他们不想被别人讨厌。相反，自信的人会去努力完成自己的目标，他们专注于自己的能力，而不是自己的弱点，也并不会非常惧怕失败。对于很多不自信的人而言，害怕拒绝和指责就是他们的行动导向，而自信的人则是以成功为目标和导向的。这是因为，自信的人并不害怕失败，失败固然会让他们在短期内感觉到压迫，也会让他们感觉心情不好，但是自信的人不会像不自信的人那样允许失败长久地、深深地伤害着自己。

正如上文所提到的那样，人们可以把低自尊看作裸露的伤口。如果人们朝这个伤口上撒盐，这个伤口就会很痛。失败就是一把盐。自信的人没有这种永久的伤口。失败会在他们身上划个伤口，但不久之后，这个伤口就会愈合。他们在内心深处坚信，他们可以经受住这个打击，甚至可以从中吸取经验和教训。他们不会一直保护自己不再被慢性创伤伤害，他们的态度会更加积极和勇敢。

批评总是与失败相伴。让不自信的人变得更加不自信并不需要一场彻底的失败，一次合理或不合理的批评就完全足够。不自信的人追求的不仅仅是避免失败，更是尽可能地避免别人对自己的每一次批评，因为他们觉得每次批评都是对他们的一次伤害，就像把盐撒在了他们的伤口上。

他们避免做错事。在这种行为背后，隐藏着的是对被拒绝的深度恐惧。在潜意识里，不自信的人把每一次失败都等同于整个人的失败。在他们看来，这不是单个项目的失败，而是他们整个人都遭遇了滑铁卢。与此相反，自信的人并不会把一次失败等同于整个人的失败。

与害怕犯错紧密联系的是害怕做错决定。因此，很多不自信的人很难做出决定。他们总是迫使自己在优缺点、风险和可能性的权衡中精疲力竭，迟迟做不了决定。这是因为他们不相信自己的判断。他们一直在怀疑自己做出的决定并对后果进行评估。害怕犯错、批评和失败阻止了他们做出决策。阻碍他们做出决策的还有一个因素：他们不知道自己究竟想要什么。

力求完美

一些低自尊的人希望自己无可指摘，他们追求完美。完美是无误的另一种说法，因此，完美的标准就是保证自己正确地完成所有的事情。正如我之前所描述的那样，缺乏安全感的人生活在不确定的恐惧中，他们害怕自己因错误而被指责。完美地完成一件事情能给他们安全感。只不过问题是：什么才是完美的？到底有没有可能达到完美？实际上并没有。因此，这种策略注定了走向失败的结局。另外，缺乏安全感的人不仅想在一件事情上做到完美，他们想在所有的事情上都尽善尽美：完美地工作、做完美的妈妈、有完美的外表等。因此，为了实现自我要求的目标，他们不停地努力，又不可避免地不断遭受挫折。

完美主义者认为不完美就是不及格。完美、非常好、好、满意、及格、缺陷和不及格这些等级在他们那里不存在，至少他们在评价自己时注意不到这些等级。

对自身能力的怀疑

低自尊的人之所以感到备受折磨是因为他们对于自身的能力持怀疑态度，这种情况屡见不鲜。他们很少相信自己。这与他们以缺陷为导向的感受体系有关。他们总是将目光聚焦于自己的弱点，而不是优点。害怕犯错以及完美主义让不自信的人放大了自身的缺陷并限制了自身的能力。这种对于自己能力的不信任导致了他们中的一些人在教育阶段以及职业生涯中变得胆小怕事，甚至产生身心疾病（而生病恰好可以让他们逃避别人对他们提出的高要求）。一些人因为自己长期的自我怀疑毁掉了自己的职业道路。他们不去正视并完成较难的任务，而是逃避、中断或者干脆驻足不前，宁愿做一些常规工作，避免面对工作上的挑战，只有这样他们才感觉安全，不会产生对失败的恐惧。

当然，也有一些人敢于直面自己的恐惧，并且因此迎来了自己的职业曙光。为了实现目标或者避免失败，他们动力很足并异常勤奋。尽管收获了成功，但是他们仍然并不幸福。我的一位来访者就属于这种类型，他曾说过："我在职业上获得了很多，但都是因为恐惧。这个世界应该存在其他动力源泉，而不是这该死的恐惧。"

从这个角度，我们可以总结出对这种病态状态的形容：一个人在哪些地方容易产生自我怀疑，就容易在哪些地方受伤。只有当他们触碰到自我怀疑的创伤时，批评才会产生疼痛。如果他们身处让他们自信的领域，这种批评便对他们毫无作用。例如，如果某人十分肯定自己是一名好司机，那么那些针对他驾驶方式的批评就对他毫无作用，他只会认为批评者无知。如果某人受到的批评针对的是某个领域，而他在这个领域没有任何野心也并不想把这件事做好，那么他感受到的伤害度也会很低。这就意味着，伤害造成的真实感受如何实际上跟人自身的态度密切相关。

害怕拒绝

不自信的人始终担心自己被人拒绝，这也是他最恐惧的地方。

他之所以有这种恐惧，是因为他不接纳自己。在他看来，他的每一次犯错都是对自己能力不足的证明。不自信的人认为自己不是个好人，他无法忍受自己。他与自己的关系是矛盾的——他认为自己的某些品质是不错的甚至是很好的，却看不上自己的其他特质。因为他对于自己有着矛盾的态度，所以他并不认为其他人也会真正接受自己。"连我自己都接受不了自己，那么别人怎么可能接受我呢？"

然而，每个人都希望别人接受自己原本的样子，不自信的人也一样。对此，不自信的人甚至比自信的人更加期待，这也正是因为他不接受自己。这带来的结果就是他努力隐藏自己的缺点，避免犯错，为的就是能够提升他人对自己的喜爱度。实际上，他总是有意无意地把注意力放在提高自我忍受力上——他其实是在向自己证明自己是有价值的。如果一个人内心对自己是不接受的，那么和自己和解就是一件复杂的事情。不自信的人从其他人那里获悉自己不被欢迎、被厌恶或者被批评，就会倍受打击，因为他们缺乏自爱的减震器来缓冲拒绝带来的冲击。

为了与人和谐，舍弃自我需求

很多不自信的人对和谐有着强烈的需求。为了避免冲突，他们经常隐藏自己的观点。这是一种在童年时期就培养起来的不良习惯。为了讨他人喜欢或者至少不去冒犯他人，他们总是努力满足他人的期待。如果一个人感受不到自己内心的强烈愿望，也就不会和对方产生冲突，他就可以很容易地与人和谐相处。所以，一个人感受到的自我需求越少，就越容易适应他人的需求：如果一个人对巧克力不感兴趣，那么对他来说放弃巧克力冰激凌就会是轻而易举的事。这意味着，他感受不到自己的需求，面对他人的需求时，他感受的内心冲突也很少，在这个时候他只需要说"是"就行了。很多不自信的人长期抑制自我需求，这导致他们甚至很难明确定义自我需求。这也是他们很难做决定的原因。

赞同的对立面是反对。不自信的人很难说"不"。这常让他们感觉非常懊恼。因为如果一个人不知道自己想要什么，通常来说，他至少知道自己不想要什么。然而，因为不自信的人对和谐有着强烈的需求，他们不喜欢冲突也不愿意拒绝他人的请求，所以尽管他们的内心很想反对或者至少他们没有那么赞同，但他们基本上也不会拒绝任何他人的请求。说"不"这件事给他们造成了困难，也给他们带来了很多烦恼。一方面，他们经常会"不自觉地"陷入他们不想陷入的情形；另一方面，他们对于拒绝的恐惧也经常让他们感到精疲力竭。因此他们希望一次性满足很多人的期望，而他们自己则会在满足他人期望的过程或者对他人的过分退让中疲惫不堪。另外，不懂拒绝这个毛病导致他们长期处于力不从心的感受中，这使他们很容易患上心理疾病。

以攻为防：做一些轻率而愚蠢的事情

还有一种不自信的人，他们在遇到问题的时候，并不会无底线地顺应他人，而是采取反向策略：他们宁愿去选择一些反抗式的攻击。与那些追求和谐的人不同，他们在社会交往的过程中表现得十分强硬。当觉得自己受到威胁时，他们会很快反击。那些追求以和为贵的人在关系中会尽可能表现得友善，而这类人则是打定了主意要反抗。一般来说，无需激烈的言辞就能把他们激怒，而他们也常常会杀鸡用牛刀。在非常极端的情况下，他们的反抗意愿不仅体现在强硬的言语上，甚至还会上升到肢体冲突。

在这个过程当中，这些攻击欲很强的人总是觉得，自己太过于想要满足他人的期待或者太过努力地让大多数人满意。他们在主观上觉得，自己在满足他人的期待时委屈了自己，而且委屈程度并不亚于那些追求以和为贵的人。在拒绝别人的请求时，他们其实也会感到不舒服，但是因为他们已经决定不顾一切来维护个人的边界，所以面对请求时，他们还是更容易用拒绝的方式回应。然而，一般而言，这种回应会让对方措手不及。一个不自信的人选择取悦还是反击，除了与他儿童时期的经历有关，还跟他与生俱来的禀性相关。通常来说，面对他人请求时选择反抗的人往往天生易冲动，而且他们常在情绪爆发之后产生愧疚感。他们会意识到自己反应过激了。然而，下次遇到同样的状况，他们依旧难以控制自己的脾气。

　　惯于反抗的人并不在乎是否能和每个人建立和谐关系。正是因为他们害怕被拒绝，所以常常在被请求时先拒绝对方，也就是采取所谓的先发制人策略。人们会经常从他们口中听到，他们对大多数人都不感兴趣，认为公司、派对或体育协会等团体或组织里的人"基本上都是笨蛋"，他们不想与这些人有半点瓜葛。可以说，他们有着一种"吃不到葡萄说葡萄酸"的心理。就像寓言故事里的狐狸一样，他们说服自己的方式是"那些葡萄太酸了，并不值得我付出努力"。他们通过贬低他人来维护自己脆弱的自尊心。与之相反，那些追求关系和谐的自卑个体则往往贬低自己、抬高他人。不过他们也倾向于以一种批评的角度去评判他人，关于这一点，后文再讲。那些通过反击来实现自我防御的个体往往不会给身边人留下自卑的印象。他们甚至看上去十分自信。这种自我防御策略在一些人的心中已经根深蒂固，以至于他们完全意识不到，这其实关系到自我价值感问题。

　　这里要强调的是，习惯自我防御的个体在与人相处时往往采取两种不同的反抗策略：他们会根据当下情形和自我状态的不同选择不同的策略，要么表现得十分具有侵略性，要么表现得十分克制，至少表面上十分平和。有时会觉得高人一头，有时又会觉得低人一等。

　　自信的人在大多数情况下都会觉得自己与他人是平等的。他们从不会觉得自己高人一头，也不会觉得自己低人一等。

低内控信念

不自信的人存在一个基本问题，那就是内在的信念。他们坚信自己对外部环境和行为毫无控制力。心理学家把这种现象称为"低内控信念"。不自信的人往往不相信自己有能力通过言行影响他人。这也是他们害怕冲突的原因之一。当想要为自己的利益辩护时，他们会安抚自己"这么做完全无济于事"；当面对任务考核时，他们也会质疑自己的能力，认为自己的努力对于结果影响不大。因为他们拥有着低内控信念，所以他们始终觉得，就算再积极主动地生活，生活也并不会如自己所愿。他们总是倾向于贬低自己，而不是努力克服困难、实现目标。

认为自己能力有限，使他们错失很多良机。他们有一个很大的问题就是不表达。在面对冲突时，他们常选择攻击对方，这会使冲突进一步恶化。由于他们在很多方面都存在自我怀疑，在工作上，他们要么拒绝好的发展机会，要么累得半死——因为他们想要通过追求极致来消除自我怀疑。然而奇怪的是，成功并不会治愈他们。心理学研究已经证实，低内控信念的人更倾向于把自己的成功归因于外部因素。所以，当一个不自信的人获得了个人成功后，他们会归功于自己的运气不错或者这一次任务比较简单。他们把自己的贡献看得很低。与之相反，自信的人则会将成功归功于自己的能力，并且会适度地鼓励自己。自信的人和不自信的人对于自己的成功有着不同的评价，这是因为每个人都希望维护自身形象。我们很容易理解自信的人这么做，但是为什么不自信的人要维护自己负面的形象呢？因为他们坚信自己的形象就是负面的，他们不相信自己。此外，他们的悲观主义也让他们避免高飞，为的是防止以后摔得更重。悲观的人不会失望，他们宁愿停留在安全的原地，保持着自己负面的形象。因此，他们无论如何都不认为自己会成功。

自信的人和不自信的人在处理成功结果上的做法是相反的，并且他们应对失败的方式也不同。心理学研究发现，在经历失败之后，自信的人会补偿性地聚焦于自己的强项上。为了重塑自我价值感，他们思考的不仅仅是自己犯了什么错误，还包括在未来如何避免这些错误，同时他们会将注意力聚焦在自己的能力上，思考应该如何把所有的事情做得更好。不自信的人则会因为失败而聚焦于自己的弱点和所犯的错误上。失败带来的消极情绪占满了他们的内心。

关于内控信念，我还有一点补充：不自信的人不确定自己的言论或行为是否有效，这种怀疑经常会给他们带来无助感。因此无助感也是不自信的人经常会产生的基本情绪之一。这种无助感可以看作抑郁的征兆。我会在后面的内容中详细探讨这一点。

不配得感

如果一个人极度缺乏安全感，他就会强烈怀疑自身的价值，他不仅无法认可或表现自己，还会产生强烈的不配得感，怀疑自己没有权利去表现或行动。不自信的人经常纠结自己的需求和要求是否真的合理。这种"权利的不确定感"势必会削弱他们的执行力和认知灵活性。不自信的人觉得自己不被认可，这种认知使他更容易招致对方的攻击。

具有取悦倾向的不自信的人会允许别人以放肆的言行对待自己。这一点尤其会表现在他们的亲密关系中，一旦确立关系，对方对他们的尊重就会不复存在。如果遇到一个行为不端的伴侣，不自信的人常会被自己的伴侣侮辱甚至贬低，可是他们又缺乏足够的底气来反抗对方。在这种情况下，他们的不安全感会表现在两个方面：一方面，他们意识不到问题所在，总是坚信自己的确不够好，因此无法保障自己的权利，这使得他们整日活在恐惧中，没有安全感；另一方面，他们总是十分恐惧失去伴侣，而对于失去伴侣的恐惧会使得他们在面对伴侣时再次卑微求和，并进一步认可自己的无能。此外，他们还存在单身恐惧，或者他们感知到自己的"市场价值"很低，因此一旦进入单身状态，他们就特别害怕自己再也无法找到新的伴侣了。比起自信的人，不自信的人更加依赖自己的伴侣，在他们的认知中，离开了伴侣自己就无法独立应对生活。对于失去伴侣的恐惧使得他们总是用一种不健康的方式来经营亲密关系，而这种方式会使他们长期处在伤害中。如果遇到对自己不好的伴侣，这种伤害就更为明显。还有一种不自信的人则完全回避爱情，他们完全不依赖伴侣——较低的自我价值感也是害怕建立亲密关系的原因。

罪责感与羞耻感

罪责感是一种强大的可以贬低自我价值的感受，有这种情感体验的人往往会觉得自己非常渺小。我经常在不自信的人身上发现过高的罪责感。在很多看上去完全无须产生罪责感的情形下，他们依旧会产生这种情绪。受罪责感驱使，很多不自信的人认为自己有必要对身边的人负责任。比如，当伴侣发脾气时，他们马上就会恐惧地反思自己是否做错了事；当自己被同事指责时，他们不会去思考这种指责是否真的有理有据，而是马上感到羞耻和愧疚。

很多不自信的人身上的这种罪责感，从本质上来看就是一种反射，反映出的是其父母的长期教养方式。从潜意识上看，父母教育的结果造成了孩子的罪责感。不自信的人从孩童时期就建立了一个认知：父母的喜怒哀乐取决于自己的行为结果。例如，自己考试成绩不好时，把成绩单拿给母亲看，母亲会变得伤心；自己说谎时，父亲会失望。在下一个章节中，我还会探讨低自我价值感的来源，所以在这里不做赘述。但是我要强调的一点是，自我罪责感往往和童年时期的经历紧密相关。

悲观心态与缺乏生活激情

不自信的人常觉得自己缺少价值、没有权利、缺少影响力，甚至还会产生绝望情绪。不自信的人更容易抑郁。正如我在序言中写到的那样，自卑是一种生活态度。不自信的人常有挫败感，很容易抱怨、摆烂，缺乏对生活的兴趣。他们耗费大量的精力在不喜欢自己和持续抵制臆想的攻击上。这种精力的缺失以及生活兴趣的缺乏使他们很容易生病或产生疼痛感。他们很多人的心理和生理的抗压能力都不是很强，因为他们只是维持正常的生活就已经耗尽了几乎所有的能量。在很多不自信的人身上，绝望情绪也很常见，特别是当他们一直经历失败时。比起自信的人，他们总是更快地选择放弃。

过着自己并不喜欢的生活

绝望情绪以及生活乐趣的缺失通常伴随着"错误的生活方式"产生。因为内心不安，不自信的人在生活中总是表现出防御性，而且他们很少制定目标，这导致他们在人生道路上很容易脱离自我控制。他们的人生道路总是由偶然发生的事件或者他人提供的选项决定方向，他们接受他人提供的选项往往是出于安全性考虑，而不是自己真的需要。他们的工作也常由父母来做主，这并不鲜见。

　　很多来访者向我抱怨，他们当初其实想走另外一条路，但是当时的自己不敢违背父母的意愿。这种较低的目标追求意愿是和他们害怕失败的情绪绑定在一起的。我的一个来访者告诉我，他很想学音乐，但没能如愿，因为他的父母急切地要求他放弃不能养活自己的艺术道路，让他去银行工作。他不敢违抗父母的意愿，这也反映出他对自己的天赋心存怀疑。在一次诊疗对话中，他简明扼要地对自己进行了总结："现在的我站在了安全的一边，但也是错误的一边啊！"对自身能力的怀疑不仅会让不自信的人走上自己不喜欢的人生道路，还会让他们面对自己的欲望和感受时表现得十分脆弱，在面对决定时也踌躇不前。所以，他们经常不知道自己适合什么样的工作，也不知道自己的人生方向在哪里。

害怕失去控制

　　不自信的人对于自己、他人和生活的信任度都很低。他们的座右铭是：信任是好的，但控制更好。他们密切关注周围的一切，凡事谨小慎微。他们习惯看眼色行事，控制着自己的言语、反应甚至笑容。不管是在工作中还是生活中，他们的状态都是紧绷着的，甚至在休闲时间内他们也不能放松自己。一位42岁的来访者曾经告诉我，她特别喜欢喝葡萄酒，但从没喝醉过，连微醺的时候都没有过，因为她害怕自己会做出一些出格、不受控制的事情。

对于自我价值感低的人来说，恐惧感一直都有，且无处不在。因此，他们大多数人都选择墨守成规，因为这会给他们带来安全感。在面对新的选择时，他们会犹豫不决。如果能提前估算出可能存在的风险，他们就会感到安全。他们的抗错能力很差，对生活的适应能力也不强，这种感觉也会延伸到与低自我价值感毫无关系的情形中。例如，他们害怕旅行或者害怕在陌生的环境里自处，这些都与他们深层次的感觉相关。他们感觉自己脚下的土壤不够结实，认为自己不够优秀。另外，他们常对健康问题尤其对自己的身体健康担忧，这也源自其内心深处的脆弱感及弥散性的生存恐惧。归根结底，这些面对生活时的恐惧都可以归咎于自卑。一般来说，这些恐惧可以通过提升安全感的措施来克服。对失控的恐惧导致一些不自信的人有着强迫性冲动，他们恨不得把一切事情都控制在手中；而另一些不自信的人则渴望获得放松和松弛，哪怕通过"关机"一会儿来换得片刻的抽离。

自我厌恶

有些人的自我怀疑过于深刻，甚至会厌恶自己。他们恨自己的无能和失败。这种自我厌恶会导致自我抵制。在无意识的情况下，他们会不自觉地自我攻击甚至自我摧残，他们通过这样无意识的方式来确保自己过着失败的、不幸的生活，以进一步维持自我厌恶的自我形象。

另外，这种自我摧残并不明显，它会发生在个体生活非常细微的层面，比如个体表现出来的对自己所选择的生活以及生活状态的长期不满。哪怕他们从事着最光鲜的工作，结交了最优秀的人，住在最好的房子里，他们也无法获得满足。他们的无意识层面只会聚焦于自身及生活中不足或有问题的地方。这种以缺陷为导向的极端认知模式使他们的生活长期陷入不幸中。从潜意识来看，他们也并不想变得幸福，因为他们认为自己太差劲了，不值得幸福。在内心深处，这类个体坚信自己不配生活在这个世界上，才会采取这样消极的生活态度来折磨自己。

害怕改变

不自信的人形成了一套固定的策略和信念，这可以帮助他们尽可能无恙地度过此生。序言中的主角认为，"不安星球"上的生活是危险的，换种方式的生活是万万不能的。有些不自信的人甚至会对自己固化的策略心感自豪，他们对于攻击者有着敏锐的洞察力——其实他们也骄傲于自己惊人的警觉能力，这与序言当中对自己戴隐身帽感到骄傲的人非常相似。在不自信的人眼里，自信的人是狂妄和草率的。他们所选择的固化策略和信念能让他们感到安全，凡事有明确的方向，也没有风险，这能避免自己受伤或被否定。

虽然如此，请继续阅读！

我不想夺走不自信人群的保护铠甲，也不想让他们失去仅存的一点儿骄傲。在孩童或青少年时期，在没有受到生命威胁的情况下，他们的策略也许十分有效。我也并不否认，比起乐观主义和对世界的信任，悲观主义和对世界的不信任很多时候在很多方面是更具有现实意义的。至少在对环境和潜在威胁的感知上，不自信的人的保护策略是行之有效的。当我说"另一种方式仍然可行，外面的世界并不像你想象的那么危险"时，也许有的读者会产生疑问：你说的和我至今为止的生活经验完全相悖，为什么我要相信你？

如果一个人怀疑自己长期以来的信念和保护机制，他就会开始怀疑自己的认知的正确性，害怕自己一直错误地看待或评估某些事情。没有什么比无法信任自身的认知和判断更让人感到威胁了。毕竟个人的认知和判断是生活唯一的导航系统。

如果我曾经的信念和坚守的自我保护动摇了，我就需要新的信念和策略来替换我陈旧的策略。否则，我就没有任何可以支撑我的东西了。

改变会带来恐惧，并且是巨大的恐惧，所以人们宁愿维持原有的做法——至少旧策略可以保证我在原来的生活里游刃有余地活着。也许现在的结果并不完美，也可能会带来伤痛，但是谁又知道改变之后会发生什么呢？或许会变得更糟糕。

如果你坚信自己有很多弱点，必须小心地保护自己，那么你就不会轻易放弃自己的信念，除非有其他能够特别说服你的东西存在。不过话说回来，如果你完全不愿做任何尝试，这本书也不会来到你的手上。在变得强大的道路上，你并不需要彻底改变至今为止所固守的信念，你只需要不断调整，优化出更适合当下需求的保护机制。我对当下的理解是，以成人的身份更好地适应当前的人生。你的很多自我保护策略都是在很早以前就建立了的，它在你的童年时期一定特别奏效。但如今你已成年，你需要采取另一套策略来更好地适应现下成年阶段的生活状态。

我会通过这本书尽可能为你提供帮助，使你可以更新自己陈旧的信念和行为方式。分享由我，行动在你。至于我的分析是否有道理，你是否愿意更新优化自己陈旧的行为方式以形成全新的信念和自我，决定权在你手中。

我才没有任何自我价值感的问题

讲到这里，从原则上看，如果你真正意识到自己是一个不自信并且备受不自信折磨的人，那你应该十分清楚我的观点。但是还存在一部分人，他们根本意识不到自己的问题其实是不自信造成的。这种人拥有自恋型人格，关于他们，我在接下来的章节中会详细介绍。

从表面上看，这些人对于自己的生活状态十分满意，只不过在自我认知上过于盲目。这类不自信的人会觉得自己是十分自信的，他们不会或很少感受到上述我所列出的问题。但是他们会遭受其他的困扰，比如恐慌、情感问题或者对未知生活的恐惧。每当这时候，他们就会感到无助，因为他们搞不懂这种恐惧的来源是什么。他们会去考虑所遇问题与自己过往经历的关系，但是他们往往意识不到真正原因所在：受损的自尊心。低自尊并不会对他们产生根本影响，如果有，也只是一定程度上。他们能感受到一部分不自信，但是这点儿不自信又可以通过其他方面的骄傲来抵消掉。

这类自恋的不自信的人常常在事业上很成功，他们有稳定的人脉和圈子，也会认为自己特别有吸引力。只有当被人们反复追问时，他们才会惊讶地发现，在自己已感知到的自我价值感之下还存在着更深的层次。在这个深层次里，他们会发现自己不自信的部分。比如，在她的心里住着一个"弱小而恐惧的小女孩"，她不相信自己，无法独立生活，所以当她必须身处一个不熟悉的环境时，她会产生恐慌的情绪；又或者她的心里住着一个"肥胖的小男孩"，他坚信自己赢得不了任何女孩的芳心，因此他表现出对亲密依恋的恐惧。一个成年女性，在她的意识层次里，她不应该是那个恐惧的小女孩，她应该是一名成功和自信的女性；而在一个成年男性的意识层次里，自己也不是肥胖的小男孩，而是身材管理得很好且有胆量的男性。成年的他锻炼身体并且取得了职业上的成功，曾经的那个肥胖的小男孩已经在他的意识层次里消失了，就像那个弱小而恐惧的女孩也被一名强大的女性取代。但这两个过去的形象仍然存在于他们的潜意识层次里，并且再次出现，这给他们带来了恐慌和关系恐惧。恐慌和关系恐惧只是我为了说明观点所举的例子。事实上，正如我前文所言，几乎所有的心理问题背后都隐藏着自我价值感问题。

这种"潜意识自卑"往往出现在仅有一定程度的低自尊者身上。他们这类人在自我感知上是自信的，也正因为如此，他们很容易忽视自己灵魂中的那个"偷渡者"，这个偷渡者很自卑，并且给他们带来了诸多问题。在意识层面上，他们认定自己完全没有低自我价值感的问题。这是纯粹的自欺欺人——实际上，他们的自我价值感是相当不稳定的。如果这些人能够认识到这个问题，他们就可以很好地处理问题。这本书可以为他们提供很多的帮助策略。如果他们并没有感觉到自己是其中一员，那么这本书也不会来到他们手上。

第四章　不自信的人的真正弱点

接下来，我将探讨由自我价值感低引起的常见问题，以及不自信的人所谓的自己的缺点——这些问题常常被忽视。不自信的人通常有着扭曲的自我认知，因为他们从内心深处感到不安，担心自己是否会被喜欢，而且他们在一定程度上缺少自爱的能力，所以他们很容易受到伤害。

他们总是花费大量时间去思考自己的问题并揣摩他人的反应。他们努力满足他人对自己提出的所有要求，想要尽可能变得完美。他们努力达成身边人所有的期望，而对自己的基本需求视而不见。但是，一个人的愿望、需求和渴望是不会因为被压制就消失的，不管是不自信的人还是自信的人，都有满足自身需求的需要。在这里，渴望被认可是其中极其重要的一种需求，但是我们不仅需要被他人认可，更重要的是被自己认可。没有人会喜欢差劲的自己，不自信的人也一样。不自信的人总是努力向他人和自己证明自己是有价值的。一方面，不自信的人会把自己的缺点算得很清楚；另一方面，不自信的人会努力把自己的缺点数量控制在最低范围内，为的是尽可能保证自我价值感不再受损。这会导致他们在各种场合产生欺骗行为，以保护连他们自己都不待见的自我认可。就我的经验而言，很多不自信的人的斗争目标是错误的，他们聚焦于自己的缺点，虽然这些缺点从外界看来并不算什么，只需要采取相应的措施就可以克服。但由于他们的自我价值感特别低，他们会过分关注这些缺点，并在自我认知层面强烈放大这些缺点。

受害者思维

不自信的人经常把自己当成受害者。这跟他们主观上认为自己没有自卫能力有关。他们的不安总是给他们传递一种自己居于弱势的感觉，换句话说，他们认为别人都比自己更优秀。这样的人不仅坚信自己无法给自己争取应得利益，甚至还会怀疑自己的全部自我价值。他们害怕拒绝，害怕冲突，会长期处在痛苦中，做着自己原本不想做的事情。为了适应所谓更强大的人，他们会选择隐藏真实的自己。

他们习惯于自我苛责，当然，对于那些强大的假想敌，他们也心存愤恨，感觉自己受到了牵制。他们很少发挥自己的创造性和行动力，这导致他们总是觉得自己成了他人的牺牲品。在这个过程中，他们没有意识到自己自愿臣服于他人。矛盾的是，这也适用于那些有反击倾向的不自信的人。他们经常采取自卫行为进行反击，但更经常的是为自己辩护，还会因为自己不得不为自己辩护而心生埋怨。即使觉察到别人对自己抱有期望，他们也会恼火。

这种受害者思维会导致很多不自信的人认识不到自己的问题和责任，一旦遇到人际关系问题，他们更倾向于从对方身上找原因。这是他们回避冲突的一种方式，当需要他们明确表明立场时，他们通常会表现得唯唯诺诺。这种反应常常会引起误解。不自信的人常怀有一些错误认知，比如认为别人应该知道他们想要什么或者不想要什么；认为当他们从对方角度小心给出建议的时候就已经明确表明了自己的观点。事实上，具有反击倾向的不自信的人也不喜欢冲突，但他们没法掩盖自己的攻击性。例如，他们会因为相对柔和的评价而大发雷霆，却没有表达出自己真实的感受。不自信的人很难用平静、合适的语言说出自己的想法，他们很多时候有着不确定的期待，他们不知道对方是否已经猜出自己内心的想法。

不自信的人不会大声说"不"，如果对方没有猜到他们的想法，只是按照表面的共识行事，他们便会埋怨对方，并将自己的不幸归咎于对方。这听起来是矛盾的，毕竟不自信的人似乎只会怀疑自己。但这只是硬币的一面。自我价值感受损的人很喜欢逃避责任，如果把问题归咎于自己，那就会引起他们内心的不安，因此他们会把责任推到对方身上，这有利于他们维护自我价值感。在生活中的其他领域，他们的表现也是相似的。比如，由于对自身能力心存质疑，他们很少努力，甚至不去努力实现自己的目标；

又或者为了避免自我失望，他们会给自己立下不明确的目标，而由于缺少明确的目标牵引，他们的内心就会迷茫，因此可能在求学或者工作阶段无法发挥出自己本该有的能力，甚至走向失败。他们倾向于把这种"失败"归结于外在环境或其他人。他们的防御惯性使他们向身边比自己优秀的人投去嫉妒的目光。他们经常嘲笑为了追求目标不顾一切的人是"弯腰族"，同时标榜自己善良又敏感。对失败的恐惧诱使他们麻木不仁地生活着，他们还会把自己对冲突的恐惧和面对生活时毫无斗志解读为自己对善良、和谐与热爱的追求。

妒忌和幸灾乐祸

不自信的人的这种受害者心态会导致另一个问题：当他们遇到所谓的强者时，就会启动受害者思维，觉得自己软弱、处于劣势，而且认为这正是拜所谓的强者所赐。不自信的人认为使自己变成这样的并不是自己对冲突的恐惧，而是所谓的强者。

与自信的人相比，大多数不自信的人很少能意识到自己很难和身边的人愉悦相处。他们的低自我价值感很容易让他们产生不信任和嫉妒的情绪，以及对竞争的渴望。然而，他们往往不会意识到这一点。我的经验告诉我，自我价值感低的人经常会出现这样的情况：他们总是关注那些外人根本注意不到或无伤大雅的缺点，却又对自己真实存在的缺点熟视无睹。他们经常把自己对和谐的热爱放在首位，却忽略了这样一个事实：正是这种对于和谐的热爱以及对冲突的恐惧使他们变得不真诚。由于他们不够爱自己，他们常常无法从事慈善事业，毕竟一个不爱自己的人是没办法爱别人的。

　　一个人对自己的态度也经常影响他对其他人的态度。如果他对自己非常苛刻，无法接受自己的缺点，那么他也更倾向于看到其他人的缺点。因此，很多不自信的人虽然会崇拜那些看似强大的人，但同时他们也会更在意对方身上的缺点，比如他们会觉得这些人对自己很严肃、不宽容。只要想到这些，不自信的人心里就好受了，那些看似强大的人的形象也不再伟岸了。出于自卑心，不自信的人会倾向于贬低比自己更强大的人，因为只有这样，他才能与之平视。

不诚实

　　正如我之前所提到的，不自信的人生活在防御中，他们要么努力寻求与人和谐，要么会表现出一定程度的攻击行为。无论采取哪种方式，他们都是为了掩饰自己的缺点，为了自己在与人交往中能够安全、不被伤害。在某些情况下，这会导致他们没有办法坦诚面对身边的人，这表现在两个方面：一方面，他们会通过内心产生的批判性评价来刻意使自己与对方保持一定的距离；另一方面，他们很难打开心扉，即便有，也只是很小的程度。不喜欢制造冲突的不自信的人尤其会注意自己的言行，因此，要通过他们的言论来准确找出他们的观点，并不是一件容易的事。在任何情况下，你都不能指望他们会直接表达自己的喜好，他们也不会轻易向别人说自己适合什么、喜欢什么。他们的愤怒总是指向自己，而他们的外表总是显得异常平静。口袋里的拳头紧紧地攥着，而脸上却带着笑容——这个形容特别适合他们。他们抑制自己的想法，并且有策略地收起这些情绪，别人从外表上根本看不出来。特别是当他们面对对方时，他们会选择掩盖自己的需求、愿望和意图。在进行话题探讨时，他们其实完全可以自由讨论，但前提是没有什么能威胁到他们的观点。

我经常强调，不自信的人在情绪上的克制源自他们对被拒绝的恐惧。他们害怕自己不能保护自己，害怕自己处于劣势，害怕自己会受伤。这种克制在某种程度上会让人觉得他们不真诚。例如，当我的来访者向我抱怨他们"最好的朋友"时，我会发现他们常常不会坦诚地表达出对自己朋友的愤怒，这点令我非常惊讶。我喜欢问他们一个问题：如果在我们谈话期间，被我们议论的那个朋友变成小老鼠藏在房间里，听到了谈话，你会有怎样的感受？这些来访者大多会觉得自己被打击，并会因此受到良心上的谴责。

我并不是说不自信的人的性格都比自信的人差，只是说不自信的人的恐惧和担忧会诱使他们在与人相处时表现出不真诚的一面。这种"克制自身愤怒"的策略会带来一个显著问题，即给友情和爱情带来很大的障碍。积怨不减，久而久之，就会固化成一种冷酷的愤怒。这可能就会导致一段和谐的关系在双方没有发生任何争吵的情况下突然破裂，或者一方突然通过某件事情来宣泄积压已久的愤怒，打得对方措手不及。这两种方式对关系造成的压力都比及时开口和直接澄清可能产生的误解要大得多。所以，不自信的人对于和谐的需求虽然会使关系在短期内维持和谐，但从长远来看，关系很可能会破裂。

当然，我鼓励我的来访者及时表达自己，这毕竟也是唯一的机会，不管是去解释误会，还是去道歉，总之，目的是再次维护彼此的关系。关于如何用合适的方式解决问题或冲突，我将在后续章节中详细探讨。

习惯选择反抗为防御策略的不自信的人也有相应的处理方式。他们很容易体验到被攻击感，并因此感到被伤害。他们会立马给出反应，以至于对方都搞不清楚自己刚才说错了什么话或做错了什么事。这种做法自然不利于维持关系。另外，习惯选择反抗为策略的不自信的人很难表达自己真正的需求，他们总是因为一些细枝末节的事情而发火。坦诚说出自己的内在需求会让他们陷入受伤的境地，这一点和害怕冲突的人不谋而合。正如我在前面写到的那样，大多数选择反抗的人都很清楚自己存在怎样的问题，并深受其苦。我的很多来访者在找我接受心理咨询时都提出了想要掌控自己内心冲动的诉求。关于这点，我也会在后文展开阐述。

第五章　沟通和自我价值感

压抑想法、对外追责、被动式反抗

不自信的人多半存在沟通问题，因此，这个话题可能会让很多读者觉得不舒服。在阅读这部分内容的过程中，你可能会重新认识自己。如果以下描述符合你的特征，那么请你暂且把书放在一边，先去尝试勇敢地面对自己的问题。因为只有面对问题，你才能解决问题。如果你发现描述与你不符，你要为此高兴，因为你的自卑并没有对你的沟通产生消极的影响。即便如此，我的描述对你应该也会有启发，更清晰地看清这个世界，并借助本书帮助你身边需要帮助的人。

一个人的心理问题总是表现为关系问题。我在这里所说的关系问题指的是人与人相处中会出现的各种问题，而不仅仅指亲密关系中的问题。正如我前文所说，不自信的人都有一个显著问题，就是缺少坦诚的意识。他们的所有行为总是在保护自己与成就他人之间徘徊。从本质上来说，他们成就他人的行为也是以自我为中心，他们的根本目的还是保护自己不受伤害。他们不会想"怎样做是有意义的"，而是会想"怎样做才能更好地保护自己"，这种防御性策略使他们在与人交流的过程中处于模棱两可的境地。很多不自信的人很难为自己的行为或言论承担责任。

如果你也是这样的人，你读到这一段时可能会愤怒，甚至会觉得你已经承担足够多的责任了，但是有可能你认为的责任只是一种假想的责任。你认为自己努力压抑自己的想法是为了避免争吵，避免伤害其他人，但其实这么做的过程中你首先考虑的还是自己，因为这样一来，对方就无法伤害到你了。如果你更加坦诚地去表露自己内心的想法，对方就能够更好地理解你的处境及你们的关系。但是，这也意味着你必须为表露自己的愿望、需要、思考和感受承担责任。你必须承受对方会拒绝或批评你的风险。简而言之：其他人是可以拒绝你的。

因此，很多自我价值感偏低的人更愿意在交流的过程中采取防御性策略：

◇ 压抑自己的观点、需求和恐惧；

◇ 把责任归咎于别人；

◇ 被动式反抗：自己筑起城墙，让别人进攻。

举个例子：苏珊娜会定期去健身房，在那里她认识了约安娜。

她们俩很聊得来，因此日渐熟悉。苏珊娜不自信，而约安娜则内心强大和自信。苏珊娜觉得约安娜比自己更好看、更幽默。约安娜的自信、魅力和幽默感让苏珊娜的内心更加自卑和嫉妒。于是，她只能安慰自己有更高的工作职位。苏珊娜的内心对约安娜的情感是矛盾的：一方面，她觉得约安娜的确友好、有趣；另一方面，她又感到自己在面对约安娜时有强烈的自卑感。面对这种心理落差时，她怪罪的不是自己，而是约安娜。约安娜并不知道苏珊娜内心的这种矛盾和冲突，因为在她看来，苏珊娜很讨人喜欢。

有一天她向苏珊娜提议周末晚上一起出去玩。苏珊娜内心产生了反射性的抵抗：她害怕自己在漂亮、有趣的约安娜旁边表现得像一只灰色的小老鼠（从客观上讲，她没有任何理由得出这种结论，但自卑心理本就不是客观的）。苏珊娜既不想向约安娜表露自己内心的恐惧，也不想冒着被对方讨厌的风险拒绝这次邀请。所以，她就给出了一个模棱两可的回答："我很想一起去，但是我下周周末安排得很满。"她表示自己想看看再说。也就是说，苏珊娜既没有回答去也没有回答不去。约安娜当然不知道苏珊娜内心的挣扎，所以几周之后约安娜再次提出了相同的建议。这就让苏珊娜犯难了：即便她还想拒绝对方，她也没办法用跟上次完全一样的理由了。因此尽管内心十分抗拒，苏珊娜还是答应了约安娜的邀请。当约安娜把具体时间点确定下来后，苏珊娜虽然内心十分不悦，表面上却欣欣雀跃地答应了。

接下来的时间里，她期盼会有一些突发的事件搅黄这次约会，这样两个人出去玩的事就不了了之了。同时，她内心因约安娜"强迫"她赴约而怨念颇深，对于约安娜的矛盾心理进一步加剧。她埋怨对方为什么非得约自己出去，自己已经在第一次的回复中"明确表示"自己压根儿不想和她出去了啊！在约会的当天早上，苏珊娜感到特别难受。她的下巴还长了一个讨厌的痘痘。她甚至觉得自己这颗痘痘是拜约安娜所赐，因此对她的愤怒骤增。等到下午时，苏珊娜感觉头疼得很厉害，于是给约安娜发信息致歉，说自己无法前往。

这个案例很清晰地呈现了上述的三种策略：

第一，压抑想法。如果苏珊娜说出担心自己站在约安娜旁边像一只灰色小老鼠，约安娜就会开导她，她们会有一次深入的谈话，她们也许会因此之后更加亲密，而苏珊娜的沉默和掩饰让彼此渐行渐远。

第二，对外追责。苏珊娜将自己的冲突心境归咎于约安娜。她没有意识到感到自卑的是自己，也没有坦诚说出自己的想法。她忽略了自己的责任并且将这个责任归咎在约安娜身上，她坚定地认为是对方"强迫"自己，因此把愤怒指向了对方。

第三，被动式反抗。苏珊娜没有说出自己真实的想法，形象地说，她没有选择开门见山，而是走了后门。我把这种被动攻击称为筑墙。像苏珊娜突然头疼这样的身心疾病并不罕见，这往往是个体不敢真实表达自我、不愿承担责任造成的。被动攻击是一种策略，常常被个体用在不愿按照对方的期望或要求做事，却又不直截了当地拒绝时。迟到、磨洋工、不回复、不说话及干脆遗忘都是典型的被动攻击策略。当被动攻击者选择了这个策略时，即便对方再怎么苦口婆心地反复叮嘱规则和约定，他也只会表面上答应，但实际上什么都不会做。

下面的这个案例有些戏剧性，但很多不自信的人的确如案例中的阿西姆一样。极端的案例往往更能清晰说明问题，因此我选择了这个案例。

霍格和阿西姆是软件研发工程师，他们在同一个办公室里工作。霍格是一个自信、有趣的人，十分健谈，阿西姆的个性却十分内敛。阿西姆害怕被拒绝，所以他在工作的时候总是非常努力，生怕犯任何错误。霍格有个习惯，在工作之余喜欢闲聊，这让阿西姆十分反感，但是阿西姆不敢把这件事直接告诉对方。从这里我们可以发现，阿西姆虽然非常讨厌霍格闲聊，但他从来没有向霍格表达过自己的想法，要求他在工作期间少讲点儿话。这导致阿西姆积累了满肚子的愤怨。阿西姆不只是讨厌霍格闲聊，他还尤其讨厌霍格为人随和的性格。在他看来，这比他有点儿笨拙的性格更受老板的欢迎。像霍格这样的人一直是阿西姆的眼中钉，因为他觉得自己在霍格这类人旁边会变得不起眼。

然而，阿西姆完全意识不到这点。他只会觉得霍格是一个金玉其外的人。因此，阿西姆时不时地会对霍格做些"小动作"。比如，当有重要客户给霍格打电话时，阿西姆会"忘记"告诉他，或者有时会对霍格隐瞒重要的信息，又或者他会在其他同事那里不断散播对霍格不利的言论。但是霍格对此完全不知晓，并且他还认为自己和阿西姆的关系很不错。至于阿西姆时不时地忘记通知自己，他也只是会轻轻地责怪他一下而已。

随后，霍格在工作过程中犯了一个巨大的错误。他请求阿西姆的帮助，阿西姆表面上当然很乐意给他提供帮助。他帮助霍格分析文件，找到错误所在，但悄悄埋下一个新的错误，然后对霍格说自己也解决不了这个问题。结果第二天，霍格负责的程序就瘫痪了。现在霍格真的面临了一个大问题。阿西姆则是暗自偷笑——那个"愚蠢的吹牛大王"总算也能尝一尝失败者的滋味了。阿西姆以一种特别恶毒的方式"处理"了自己的自卑感。

正如我所提到的那样，大多数自我价值感低的人都不会走得很远，能走远的往往是那些友好和善的人。阿西姆的这个极端例子很好地说明了自卑感是如何扭曲受害者和加害者之间的关系的。从客观上讲，霍格没有任何让阿西姆讨厌的理由：霍格个性开朗、善于社交、团结友好、举止大方。虽然阿西姆的行为部分反映出了他内在的自卑感，但他并不承认自己对霍格的强烈嫉妒。他贬低霍格，认为霍格是"徒有外表的人""吹牛的人"，他通过这样的方式来平衡自己的低自我价值感。在面对霍格时，阿西姆把自己认定为受害者，这样霍格就成了加害者。阿西姆这种扭曲的认知源于他的低自我价值感，这诱使他想要报复那个"可恶的"霍格。在这里，我们发现阿西姆并没有选择用公开的方式对抗霍格。他的所有"战争"都是在全面掩护下进行的。阿西姆是典型的因自我价值感低而采取反抗策略的人。这种防御策略不仅可以"保护"自己，还能在暗处袭击他人。那个臆想出来的可怕同事霍格只存在于阿西姆的脑中——没有任何事实依据。可惜的是，阿西姆的主观臆想导致他在现实中策划了一场灾难并让霍格承受了巨大的损失，而霍格对此一无所知，成了一名无辜的受害者。但是，如果人们去询问阿西姆的意图，那么他在自己人生以及生活的很多方面还是会把自己描述成一名受害者。

让我们再次从所谓的交际策略的角度来分析一下这个案例：

第一，压抑自己的观点、需求和恐惧：阿西姆完全没有暴露自己，他将自己对霍格的看法、情绪和恐惧都掩盖得很好。

第二，对外追责：阿西姆认为霍格应该为自己糟糕的感受负责。

第三，筑墙防御及被动式反抗：阿西姆的反抗不仅仅是消极被动的，他还主动地偷偷伤害了霍格。

冲动式反抗

不自信的人在与人相处时还经常会出现另一种行为，冲动式反抗。缺乏安全感的人有一个基本动机，那就是杜绝可能会出现的否定和批评，这就导致他们即便在没被攻击的情况下也会率先做出反抗。这种行为有时会让沟通变得非常令人不适，甚至很快陷入沉寂。

A：你有没有转发托马斯的邮件？

B：我怎么可能完成这么多事？你没看到我已经被工作淹没了吗？

A：（友好地）你看起来很累。

B：（粗鲁地）我已经工作了一整天！

A：我们要不要出去散个步？

B：你还让不让我活？

以上，A 的话语中并没有出现任何对 B 的攻击，然而，B 从每一句话当中都听到了潜在的攻击，所以他进行了未雨绸缪的回击。没有转发邮件这件事并没有多大问题，但 B 不愿意说他没有时间处理这件事，而直接进行了回击："你没有看到我已经被工作淹没了吗？"其中给出的信息是："你为什么要问这么愚蠢的问题？"这样一来，他就可以避免受到可能的批评，例如他忘记了转发这封邮件（客观而言这件事并没有多么严重），而在 B 的眼中他就会是一名失败者。

在第二回合的对话中，B 觉得自己受到了攻击，因为他从外表上看起来可能状态不好，A 伤害了他，所以他进行了粗暴的反击。

在第三回合的对话中，B 可能不愿意承认自己懒惰到不愿意出去散步，或者他确实身体不适。这两点他都不愿意承认，因为他把这看成了自己的缺点。除此之外他还担心 A 会用一些理由来说服他去散步，让他产生负担，比如 A 也许会劝他说少量的运动对他的身体有好处。这些论据是 B 无法反驳的，而这会把他逼入死胡同，让他不得不面对这些，所以他打算用回击来避免这些对话产生。

请不要给我压力

不自信的人很容易感受到来自周围人的压力，因为他们不善于拒绝。此外，他们往往需要花费很长的时间才能梳理清楚自己的想法和情绪，因此当被要求即时回答时，他们会感到不知所措。这就会让对方产生误解，因为对方并不知道不自信的人到底在想什么。

约翰约女朋友梅勒妮去看电影。梅勒妮原本没有任何兴趣，她也把这个想法告诉了约翰。但是约翰很想去看电影，所以他尝试着把这场电影描述得特别有吸引力，想要用好的理由来说服对方。梅勒妮感觉压力很大，因为她没有其他可以反驳的理由——除了她压根儿没有任何兴趣去看电影。然而，她不敢以"没有兴趣"作为理由,所以她被迫答应了。在看电影的时候,她很难集中注意力,因为她内心正压着对自己和约翰的怒火。在与约翰的这段关系里,这种事情屡见不鲜,尽管内心每次都呼喊着"不",可她总是一次次地答应对方。

对于内心缺乏安全感的人来说,别人随便向他们提出一个问题或一种期望,都会给他们带来巨大的压力。想要取悦对方、不让对方失望的想法很容易让不自信的人动摇自己的立场。更何况,不自信的人往往也没有明确的主见。所以,梅勒妮找不出理由去反对约翰的建议,因为她也并不清楚自己想要做什么——她只知道自己并不想和约翰去看电影。

话说回来,即便不自信的人有自己的主见,多半也可能无法明确表达出来。很多不自信的人觉得自己不善言谈——他们在关键时刻经常想不出合适的语言来表达自己的想法。他们也不擅长为自己辩护,这就导致他们经常想不出合适的理由拒绝对方,自己就会出于压力,陷入不得不去做的尴尬境地。

不自信的人很容易被他人左右,特别是那些能够自由又坦诚表达自己想法的人。他们觉得这类人很强大,很有统治力,自己无力对抗他们。正是出于这种原因,梅勒妮始终觉得约翰在他们的关系中是有主导权的。这种感受一直存在,这也导致她总是妥协。妥协行为的背后隐藏的是她害怕一旦自己辜负了约翰的期望,约翰就会离开自己。久而久之,她觉得自己被约翰"支配"了。

这种"完全迷失了自我"的感觉使得她十分自责,但她更责怪约翰,因为她觉得是约翰给自己带来的这种感受。

当然,梅勒妮也会拒绝约翰,但她从不直接说"不",而约翰也并没有像梅勒妮设想的那样回应她。虽然梅勒妮"明确地"告诉了约翰自己对看电影不感兴趣,但约翰完全没有理会。然而,从约翰的角度而言,尝试着用自己合理的观点去说服对方是合理的。他没有想过自己的女朋友会觉得他在操控她,他理所应当地觉得这是一种表达自我的方式。他觉得去讨论一个建议好坏是完全正常的。他平等地看待梅勒妮,也理所应当地认为梅勒妮和他拥有相同的权利。当她同意去看电影时,他认为梅勒妮改变了想法,而改变是基于他给梅勒妮所提供的那些关于电影的信息。所以,约翰的观点基于事实层面并且认为自己说服了梅勒妮。但是,梅勒妮还处于恐惧的层面。她答应约翰是为了讨他欢心而不是因为对方说服了自己。

梅勒妮和约翰之间出现了巨大的误解:约翰觉得自己和梅勒妮是平等的,但是梅勒妮觉得自己在关系中处于弱势。尽管梅勒妮内心想说"不",但她总是说"是"。因此,梅勒妮越来越觉得自己受到约翰的支配,并且感觉自己为这段关系奉献了很多。这种内心感受导致她在面对亲密行为时也毫无兴致。她甚至没有意识到自己所感受到的约翰的操纵感和她的低兴致之间存在联系。然而,这两者之间存在着紧密的心理关系:被伴侣支配的感觉,以及时时需要顺应对方的要求，常常导致性拒绝。处于弱势的一方无意识地认为，在性这个部分，自己必须守住自己的界限：至少在这里你没有办法操控我！至少我的身体属于我！于是亲密关系被切断，对方也因自己日常生活中的"入侵"而受到性拒绝的惩罚（通常是无意识的）。性拒绝是被动抵抗者常用的典型策略，并非所有不自信的人都会选择委屈自己、成全别人的方式。有些人会采取恰恰相反的策略来保护自己，他们习惯通过制定清楚的界限来把自己隔离保护起来。一旦感受到压抑，他们不但不会屈服，而且会奋起反抗。我将在后续的内容中更详细地讨论这种保护自我的方式。

想要改变，需要清楚自卑与行为的关系

自卑与行为的关系是自卑可能带来的最重要的问题。根据我的经验，只要识别出问题，问题就被解决了一半，因为只有当我知道自己当前的行为出现问题时，我才能有意识地采取另一种行为。如果这个问题还处于潜意识的阴影部分或者半阴影部分，那么我的行为就还是受潜意识控制的。这意味着受到影响的人没有办法有意识地去操控自己的行为，并且他总是觉得自己无力改变任何事情。具体来说，大多数自我价值感低的个体虽然能够意识到自己没有安全感，但是他们并不清楚这种不安全感会对他们的行为、思维和感觉产生什么样的具体影响。如果不清楚这些影响

是什么，那改变也就无从下手。

为了明确这一点，我再次回到之前所提及的梅勒妮的例子：尽管梅勒妮知道自己不是一个自信的人，但是她并没有真正意识到这会怎样影响她与人沟通以及她和约翰的关系。她不清楚自己对约翰的服从和顺从其实正在损害他们之间的关系。因为害怕失去约翰，梅勒妮经常违背内心，虽然内心想拒绝，但总是在沟通中说"好"。这导致她在这段关系中越发感到窒息。她没有考虑到的是，束缚她的并不是约翰，她将自己的问题归咎于约翰，觉得是约翰的强势让自己感到被操控。长此以往，这会导致她和约翰的关系冷却并最终结束。自我价值感低是关系问题和关系恐惧的核心。如果梅勒妮知道自己在做什么，她就能有意识地克服自己的恐惧，经常表达自己的观点或者向约翰坦白说出自己的问题，约翰也就知道该如何更好地适应她，比如他可以经常鼓励她说出自己的愿望。如果你在阅读的过程当中发现自己有很多类似的心理，那么你就可以开始思考未来该怎样做出具体的改变。自我价值感低的问题并不会一下子消失，需要通过很多具体的行为措施才能加以改善。

第六章　不自信的人的优势

在上一章节中，我描绘了很多自我价值感低的人给自己及身边人带来的问题，接下来我想探讨一下自我价值感低的人有着什么样的优势。因为不自信的人对和谐有着巨大的需求，所以在与他们相处的过程当中，人们会觉得非常舒服。他们友好、乐于助人、没有攻击性，并且因为他们自身的个性比较内敛，所以大多数情况下他们都是很好的倾听者。习惯于采取攻击防御策略的不自信的人也会让人感到有趣、直接、率真。

从逻辑上看，害怕犯错的自我价值感低的个体自然犯错会比较少（除非恐惧让他们陷入惊慌或无力状态）。一般来说，自我价值感低的人通常会为新任务做好充分准备；而自信的人反而有可能会大意轻心，从而忽略一些错误和陷阱。正是源于这个特性，自我价值感低的人总是会成为出色的员工。他们通常也是良好的团队合作对象，因为他们可以平衡好利益，而且不想出风头。他们不愿意让任何人失望，想要满足所有人的期待，因此他们乐于助人、友好团结。虽然他们有时候会预感到那些期待是无所谓的，但是他们的优点是可以通过饱经训练的同理心让对方也能够感同身受。由于对潜在攻击的恐惧，他们充满警觉，这也使得他们成为很好的观察者。很多自信的人在社交活动中很少能感知到危险，经常会表现得有些天真。由于他们的警觉系统并没有受到很好的锻炼，他们对身边的人常表现得过于热情。

不自信的人还有一个特殊优势，那就是适时放弃的能力；而自信的人在遇到危险的时候很难放弃无法完成的任务。人们在心理学研究中已经确认：自信的人内在有较高的控制欲望，也就是坚信自己可以完成很多事情，这让他们很难发现，在有些情形下，其实已经很难做出改变，当他们在咬牙坚持的时候，他们自身也受到了伤害。在这样的情形下，我们可以看出，在"承受"问题方面，不自信的人的表现好过自信者。自信的人往往有着好胜的天性，但凡能想到可能的行动，他们就会自我感觉良好地迎难而上；然而，当感觉无力改变时，他们就会陷入绝望——自信的人并不擅长承受无法改变的现状。与之相比，虽然不自信的人也有行动能力，但因为他们擅长忍受，所以反而意识不到自己的能力。不自信的人也更能基于问题需求找到更好的解决方案。

第二部分

你为什么如此不自信

第七章 不自信的原因

一般而言，自卑可以归结为两个原因，基因遗传和童年经历。当然，我们成年以后的经历也会影响我们的自尊心，但父母教育和基因是一个人自尊心的基石。在我们的基因中，某些性格特征是固定的，这对于自我价值感的产生有着直接的影响。新生儿出生后就有着不同程度的焦虑。害羞的性格特征在很大程度上也是由基因确定的。例如，有些孩子虽然接受了非常仁慈和民主支持型的教育，但在社会交往中，尤其是面对陌生人时，他们依然表现得非常害羞。相反，有些孩子的父母所采用的教育方式并不算合适，但是这些孩子仍然培养出了良好的自信心。父母教育与自信心之间的关系并不是一一对应的，一个人自信心的发展受到很多因素的影响。性格上的内向和外向在很大程度上也是与生俱来的，而且它们也能反映出一个人的自我价值感。典型的外向型特征是：合群、健谈、精力充沛、爱好冒险、乐于承担风险，而典型的内向型特征是：安静、内敛、谨慎、被动。从气质的角度来看，外向的人相对更快乐、更乐观，这导致他们在遇到问题时会寻找更多的社会支持，而内向的人则倾向于自我消化。因此，性格就跟自我价值感产生了联系：外向的人拥有更好的问题解决策略，他们更愿意表达自己的困境并积极主动地寻找帮助，而这也对他们的自我价值感产生了积极的影响。

外向的人经常会从身边的人身上获取积极的反馈，因为他们对待他人的方式是坦诚。这个天赋 90% 是由基因决定的，因此外向的人在童年时期就会展示出这种特性：外向型性格的孩子很愿意与其他孩子和大人交往，他们喜欢讲话，因此很容易与他人建立关系，并且很快能获得好感和友情；与之相反，内向型性格的孩子是害羞的，在与陌生人交往过程中是封闭的，与外向型性格的孩子相比，内向型性格的孩子很难快速打开心扉。不过，内向型性格的人并不一定自我价值感低，与外向型性格的人相比，内向型性格的人只是对于自我价值感这个问题表现得更加敏感。

无论你是外向型性格还是内向型性格，重要的是，你能接受你本来的样子。作为人格特征，内向和外向都有优缺点，没有一种人格特征比另一种人格特征更好或更坏。乍一看，外向型性格的人好像拿到了一张好牌，但内向型性格的人也有着很多优点：他们可以更好地与自己相处；他们并不那么需要外界的认可；在处理任务时，他们有着较好的毅力；他们的内心生活深入、细致。另外，"基因决定"并不意味着就没有改变的余地。

关于不自信的人的童年经历，我会在接下来的章节中详细论述。如果你长期饱受自我价值感低的折磨，那么审视一下你的童年经历会对你很有帮助。通过这种方式，你可以更好地理解自己——特别是觉察出你的父母所灌输给你的内在信念。

下面我会讨论一些不自信的人常经历的教育方式。我的阐述并不能囊括所有，并不是每位读者都能找到与自己相匹配的内容。如果要详细探讨这个话题，就将占据较大的篇幅，因此我必须有所限制。以下的论述可能会给你一些启发和灵感，让你更好地理解童年经历和自我价值感低之间的关系。

"妈妈是爱我的！"——最初的依恋关系的建立

幼儿期是我们大脑结构分化的时期，我们的生活态度和自我价值感的基础通常是在这个阶段奠定的。神经学研究表明，我们的大脑有一个奖励系统和一个惩罚系统，每个系统都由不同的神经递质激活。在父母惯用压迫和惩罚的孩子的大脑中，惩罚系统会比奖励系统更深入地渗透到大脑结构中。这就导致他们长大以后对于别人的拒绝或惩罚十分敏感，对方一个小小的手势就足以激活他们的惩罚系统：他们会将这种手势解读为针对。在面对失败时，惩罚系统强大的人也会比奖励系统强大的人在挫败中待的时间更长，复原更慢。然而，我们也没有必要将这种神经元的影响当作不可避免的命运。例如，我们也可以通过自己的决断力和意志力主动对奖励系统和惩罚系统进行切换。至于怎么操作，我将在后文进行详细论述。

所谓的原始信任很早就在我们的大脑中扎根了。一个人的原始信任在很大程度上决定了他的生活态度。一个人发展出了原始信任，就意味着他基本能感受到自己是被这个世界欢迎和接受的。原始信任形成于一个人在生命第一年的经历，它的产生与孩子和主要照料者（无论是父母、祖父母或其他人）的关系相关。在很多孩童身上，这种原始信任会同时受到多个其他家庭成员的影响，例如父母两个人。重要的是，至少得有一个充满爱意又善解人意的陪伴对象在照顾着这个孩子。通常情况下这个角色是母亲，因此为了便于表达，我在接下来的陈述中都会用母亲来代表，但这并不意味着父亲或者其他照料者不能承担这样的角色。

当一个婴儿来到这个世界时，他完全依赖着自己的母亲，并且在生命的头几个月完全不知道自己和母亲是分开的。从自身的需求和感受上而言，婴儿完全依赖自己的妈妈，他们的感受系统分为快乐的和不快乐的，而母亲的任务就是减少婴儿的饥饿、口渴、寒冷或身体不适等不快乐的感觉，从而减轻他的压力。如果婴儿通过哭喊来表达自己的压力，那么母亲的任务就是安慰他、喂养他、温暖他，无微不至地照顾他。婴儿不仅有着身体照顾方面的需求，也有与生俱来的对社会交往和情感互动的需求。所以，母亲也有责任让婴儿感受到人与人之间的关心和爱护。

在接下来的成长阶段中，孩子开始学习控制自己的动作：他们开始做出伸手、爬行等动作，并且在一周岁的时候开始走路。随着运动机能的不断改善，孩子对周边的世界产生了强烈的探究兴趣。因此，母亲还要给予孩子身体接触和言语上的关心，当孩子展现出探究兴趣时，母亲要学会及时放手。孩子不仅仅想要被照顾、被爱抚，他们还有着独立和自主的需求。一个善解人意的母亲能够基本辨识出什么时候该放手让孩子去探究生活，什么时候该给予孩子一定的关注。如果一个孩子得到了母亲恰到好处的照顾和爱护，在他需要独立时母亲又能及时放手，让他去成长，那么他一方面会发展出对自己母亲的信任，另一方面也能够对人际关系产生自己的影响力，而不是听之任之。当这个孩子能够感受到自己可以完全信任自己的母亲时，他就获得了原始信任。人们可以把这种原始信任看作一种完全由身体支配的敏感性：孩子在自己的身体里储存了自己被接纳、被爱的感受。作为生活的基调，这种感受会被一直持续存放在自己的身体里。

至关重要的是，拥有了原始信任的我们会相信自己能够影响人际关系，而不是让自己听之任之。如果母亲与孩子之间的互动关系是成功的，那么除了原始信任，孩子还会在出生 6 至 12 个月的时期培养出与母亲稳定的内在联系。内心稳定的孩子长大成人后会展现出两种基本特征：自信，以及非常愿意相信他人。他的基本态度是"我很好，你也很好"。

父亲的角色

大多数孩子至少在成长的一段时间里，是在父母的陪伴下长大的。接下来我想探讨一下父亲在一个孩子的自我价值感塑造过程当中所扮演的角色。比勒费尔德大学的卡林·罗斯曼和克劳斯·罗斯曼夫妇，对上百个孩童进行了长达 22 年的追踪研究。

他们的研究以及其他一些研究都清晰表明父亲在孩童教育中承担着与母亲截然不同的责任。在大多数家庭中，父亲主要负责陪孩子玩耍，很少照顾孩子。对孩子来说，如果母亲是一位很好的照顾者和爱抚者，那父亲则是一位有趣的玩伴。父亲会给孩子设立更大的挑战，带孩子去完成孩子不敢独立挑战或完成的刺激任务。母亲则常因害怕孩子受伤而拒绝这样的任务，在某些情形下，这种保护倾向会导致母亲不放心父亲带孩子。当父亲与孩子互动时，母亲会表现得担心、焦虑。有些母亲甚至不让孩子单独和父亲待在一起，因为她们认为这样太过危险。

从传统意义上而言，大多数文化体系中的父亲都会鼓励孩子去接受全新的挑战。他们愿意传授自己的知识并且将这个世界介绍给孩子。父亲通常会带孩子去骑自行车、游泳、爬树、骑马、探索森林，教他们使用工具，或者不顾母亲的唠叨和不悦带孩子在除夕夜放鞭炮。当然，单亲妈妈也能陪孩子完成这些体验，但如果父亲在孩子身边，这多半都是父亲的工作。父亲对孩子的陪伴会让母亲得到放松，同时也丰富了孩子的生活。

父子关系的建立很大程度上是由父亲沉浸式的玩游戏行为塑造的。父亲能沉浸式玩游戏，意味着他可以设身处地地理解孩子的想法和能力，并且不对孩子提出过分的要求。罗斯曼夫妇的研究表明，父亲对于孩子以后的人际关系能力和自我价值感都会产生重要影响。比起没有良好父子关系的孩子，有良好父子关系的孩子在成年后基本上都拥有更高的自我价值感，并且能够更好地经营好友情和爱情。

好的养育是什么样的

我们已经知道，1 岁前的经历对个体的发展具有决定性作用。尽管如此，我们也不能忽略 1 岁后的几年里的经历对个体成长发展的影响。通常情况下，如果父母能够在孩子 1 岁前高度共情孩子的感受，那么他们也会在孩子之后的成长中展现出较好的教育能力。

个体的自尊水平反映出父母通过养育方式向孩子传达的信息。一个高自尊的个体，一定从父母的养育中读到了这些信息：

◇ 我们爱你，无论你怎样——我们不一定认为你的所有行为都是好的，但我们永远爱你本身的模样。

◇ 你不需要扭曲自己来满足我们的期望——我们会根据你的

潜能而不是我们的愿望来教育你。

◇ 你不必为了逃避惩罚而过度取悦我们。当然我们不会允许你为所欲为，你必须遵守一定的规则，但是我们允许甚至期望你有自己的意志。你可以不必害怕失去爱或者产生恐惧的反应。我们不会总是顺着你的意愿，但你可以大胆表达自己的意愿。

通过接收父母养育方式中传递出来的信息和态度，孩子会在长大的过程中学会慢慢接纳自己，包括接纳自己的缺点——接纳缺点并不意味着我们不需要努力改进。我们要意识到，一个人的弱点并不是其羞耻的来源，而是其发展的可能性。反之，从小经受专制型、贬低型教育的孩子学到的则是对自己的缺点感到羞耻。这种羞耻感会扎根于他们内心，在日后的成年生活中如影随形。

此外，被善解人意的父母养大的孩子很早就知道自己可以掌控自己的人生，因为这样的父母懂得尊重并接受孩子的自我意志，孩子也能从积极的层面知道自己拥有着一定的权利；反之，被强势的父母养大的孩子因自我意志得不到尊重，更有可能对周围的人产生一种无力感，他们不敢或者不那么敢表达自己的意志和需求，因为他们害怕自己的声音没有被听到或者被拒绝。总之，孩子会通过父母的倾听和理解而感知到自己被关注、被重视。在这个过程当中，他们获得了自尊，也学会了如何与冲突相处，因为他们很早就被允许练习应对冲突——父母会允许他们和自己辩论。孩子会学习到他们可以说"不"，而父母也不会因此受伤或者减少对他们的爱。这些积极的童年经历不断叠加，最终为孩子健康自尊的发展提供了最肥沃的土壤。

不安全型依恋

如果孩子与母亲的相处经历充满了不稳定性，他就不会对母亲形成安全型依恋，而会形成不安全型依恋。这会导致孩子要么过度依恋自己的母亲，要么疏远自己的母亲，也就是不愿意靠近母亲。我们有必要区分两种类型的不安全型依恋：过分关注型和害怕回避型，也称依恋型和回避型。那些在孩提时代就形成了不安全型依恋的人，不管是依恋型还是回避型，他们的自尊通常都有问题。他们缺失安全感和原始信任，以至于无法经营健康的人际关系。这样的人在孩提时代有过自己的行为被父母否定的经历，因此他们从孩童时期就难以接受自己的样子，即便到了晚年他们也依旧会认为自己原本的样子并不那么可爱。

父母对这些孩子的爱通常是有条件的。在最理想的情况下，这些条件对孩子来说是可以预见的或者有可能实现的，例如，"你必须勤奋学习并且在学校里获得好成绩"。在糟糕的情况下，这些条件会随着父母的心情和日程安排而变化，因此孩子就会觉得父母难以预测，甚至具有威胁性。在这两种情况下，父母在潜意识层面给出的信息都是："如果你想要我们的爱，你就要做我们希望你做的事情。"这类父母喜欢通过抽离关爱来惩罚孩子。因此，这类孩子长大以后，当他们在与身边人沟通时就会出现问题，他们要么过分适应对方的期待，要么干脆划分出极端的界限。在第一种情况下，这些人会非常追求和谐并且期望把所有的事情都做对；在第二种情况下，这些人对于身边人的期待会有过激的反应，他们会有意识或无意识地不去满足他们的期待，因为他们不想要被其他人控制。不管是哪种情况，他们都没有学会用合适的方式来表达自己。

那些喜欢拒绝他人期待的人，形象地说，如果你希望把花瓶放在右边，你就必须对他们说"我希望你把花瓶放在左边"。这类个体也可以被称为"期待恐惧症患者"，他们的潜意识里存在一种强烈的不依赖他人或不受他人控制的冲动。就算别人提出一个无害的请求，他们也能将其解读为一种"命令"，因此他们必须拒绝这种"命令"。期待恐惧症患者的动机并不是为了对抗童年时期父母的粗暴欺凌。与追求和谐的人不同，他们选择的不是迎合他人，而是与他人对抗。

一些不安全型依恋的个体也会在适应和反抗之间来回摇摆。在大多数情况下，至少当面临重要决定的时候，他们既不能顺理成章地接受，也不能心安理得地拒绝。

"妈妈今天的心情如何？"——过分关注型依恋

那些拥有过分关注型依恋的人往往有一个情绪变化多端的母亲，而且母亲的行为牵动着他们的心情。对于这些孩子而言，母亲的行为并不可靠而且无法预测。母亲有时候是和蔼可亲的，有时候则拒人于千里之外，冷漠或者怒气冲冲。孩子很难预测自己的母亲在特定的情形中会如何反应，母亲的行为似乎取决于他们这一天的心情。

因此，孩子总是忙于揣测母亲的情绪，试图推测出母亲对于自己的期待，进而去做母亲所期待的事情，这样他们才能受到爱护而不是惩罚。他们培养出了对于母亲心情的窥探能力，并且将自己依附在他们的期待之下。这些孩子对于周边环境的兴趣是有限的，与安全型依恋的孩子相比，他们不认为母亲是他们可以自信离开的安全基地，他们也因此无法培养出信任关系。他们更喜欢让母亲保持在视线范围内，目的是能够完全把握母亲的情绪。因此，这些孩子的自主能力很弱，取而代之的是强烈的依赖感。

这些孩子的自我价值感很低，他们认为自己才是母亲情绪紊乱的原因。如果父母对他们生气，他们会倾向于从自己身上找错误。从他们的角度看，成人是"伟大的"并且是不会犯错的。这些孩子缺乏安全感，觉得自己要为母亲的心情负责。并且内心坚信自己不够好。他们把母亲这种自相矛盾的行为归咎于自己的失败和无能。他们认为母亲神圣不可侵犯，无懈可击。通常来说，孩子的这种崇拜感会被母亲发出的信号加以强化。这些信号像在对孩子说："我确实是不会犯错的，而你还有很多东西需要学习。"因此，孩子渐渐形成一种内在信念，即"我不好，但你很好"，在他们长大成人之后，这种内在信念依然能发挥作用。他们始终在努力获得他人的认可，始终努力揣摩其他人的期望，并且用提前温顺来满足他们的期望。拒绝或者背离别人的期望对他们而言是一种灾难，因为这正好印证了他们内心根植的信念——自己不够好。当然，即便是安全型依恋个体也并非不会产生自我怀疑，他们在失败时也会思考自己是否没能满足身边人的要求，他们的自尊心也会受伤，但他们并不会因此感到自尊心受到重创，也不会感到绝望。

"妈妈真冷漠！"——过分回避型依恋

那些将过分回避型依恋模式内化的人在孩童时期就已经对关系需求感到失望，面对母亲时，他们宁可疏远而不是亲近。而且，他们长大成人之后也很难建立亲密关系。他们的母亲对他们是冷漠的、拒绝的，甚至是挖苦的、贬低或者带有虐待倾向的。他们的童年由被拒绝的经历主导。他们从婴儿时期就无法培养出被世界接纳的感受，而这也决定了他们后来的人生路。因此，他们害怕被拒绝。他们既承受着糟糕的自我价值感，也体会着人际关系中深刻的不信任。他们的内心信念是：我不好，你也不好。同时他们的内心又极度渴望亲密关系，期待被接纳。然而，他们坚信自己迟早会被拒绝，因此，他们害怕与人建立信任关系。他们非常不信任他人，尤其是在爱情关系中，这会导致持续产生"接近－回避"冲突：他们内心来回摇摆，无比渴望幸福，却又坚信自己没有幸福可言。无论是单身还是有伴侣，这类个体都无法经营好自己和人生。这些人的自我价值感是分崩离析的，他们很容易受到伤害。

"妈妈太让我窒息了！"

那些过分溺爱孩子、企图将孩子绑在自己身边的母亲其实也会弱化孩子的自尊。因为母亲爱的是窒息的，所以这种孩子的自主性不能得到充分发展。这种母亲总是不许孩子远离自己。他们之所以这么做，是为了满足自身对于亲近的需求。他们会拒绝孩子对自立的渴望和努力。如果孩子期望自立，有些母亲会表现出悲伤和失望，这会导致孩子产生强烈的内疚感，孩子就又会"自愿地"回到母亲的身边；有些母亲会直接给孩子立下规矩和禁令，目的就是将孩子锁在自己的身边；还有一些母亲习惯于将上述两种措施混合使用。孩子无论成长在哪一种母亲的身边，都会认识到自己不能离开母亲，否则母亲就会感到失望或愤怒。这些孩子对于自主自立以及不依赖母亲而生存的需求受到了强烈的打击。

这会导致这些孩子在感知和表达自我需求方面的能力很差。不能与母亲对抗，长久压抑自己的需求，以及自主自立的能力得不到锻炼，使得这类孩子的自我价值感十分脆弱。

"妈妈，你有本事就打我啊！"

还有一些孩子面对母亲的期待或窒息的爱时，既不会选择迎合取悦，也不会选择与母亲保持距离，而是选择蔑视。面对母亲的要求，他们会反抗，并盼着早早脱离母亲的掌控，或者迫于母亲的强势，他们表面上很听话，但一旦离开母亲的视线就会表现出极端的反抗或叛逆。孩子是向适应方向发展，还是向反抗方向发展，既取决于孩子的气质，也取决于家庭。只有母亲陪伴长大的孩子，至少在童年早期，没有办法允许自己对抗自己的母亲，因为除了母亲他再没有其他的人可以依靠。作为单亲家庭的独生子女，他们比那些多子女家庭的孩子依赖性更强。在多子女家庭，有些孩子充当着适应和乖巧的角色，有些孩子则扮演着叛逆与反抗的角色。这种情况并不少见，这些孩子在潜意识层面便扮演了家庭内部的不同角色。

那些通过反抗来维护自身界限的孩子在长大以后，会把自己培养成我所说的叛逆角色。他们总是带着某种怀疑的态度观察着自己身边的人，对于他人的态度总是坚决的，甚至带有攻击性。他们的行为暗含着他们不想遭受的待遇。叛逆者所展现出来的问题是，因为他们具有的强烈自卑感（他们自己也许并不会承认），他们会觉得别人比自己更强，所以他们很容易就觉得对方在支配自己或对自己心存恶意。虽然追求和谐的不自信的人也会感到身边人比自己强，也会觉得自己在人际相处中被压迫，甚至也有可能给对方扣上强势的帽子，但他们并不会像这类人一样咄咄逼人和多疑。正因为他们追求和谐，所以他们会逃避并弱化确实存在的冲突，目的是不要让自己陷入对抗的状态，而叛逆者则是寻找这种对抗的状态。

"妈妈很失望!"

最有可能导致自尊问题的一种教养方式是，母亲在孩子没有达到她的期望时会做出失望的反应。母亲通过这种方式告诉孩子，孩子的行为让她感到难过。对孩子来说，这通常比母亲生气更糟糕，因为悲伤的母亲会给孩子施加罪责感。比起被责骂，孩子更难消化这种罪责感，这种感觉不会立刻消失，而是会长久地、不间断地让孩子体验"心理上的凌迟"。而且，这种做法也不像愤怒的母亲一样能给孩子发泄自己愤怒的机会和疏远母亲的理由。这些背负着罪责感长大的孩子很难疏远自己的母亲。他们认为自己要为母亲的幸福负责。

正因为他们认为自己的母亲是柔弱的，又对母亲心存罪责感，所以这些孩子会对母亲表现出极度依赖。通过这种亲子互动模式，孩子学到的是自己要对身边人的幸福感负起巨大的责任。成年后，他们也会很容易对自己的行为感到羞愧，有必要向他人道歉。这类个体的自我价值感也很低，因为他们从小就感到自己是令人失望的，换句话说就是"自己不够好"。

"妈妈很害怕！"

当然，还有很多慈爱的母亲也会让自己的孩子产生巨大的不安全感，因为她们做了错误的示范。例如，一位母亲在生活中表现出强烈的恐惧感，那么她的孩子从潜意识层面也会模仿他母亲的恐惧，尽管他自己并不愿意这么做；一位母亲在社交活动中表现得非常害羞和拘谨，而且她还警告自己的孩子不要过分信赖他人，让他谨言慎行，因为她害怕孩子在社交中受伤、失望，想要保护自己的孩子免遭失望的情绪的伤害，因此，通过这种方式，她把自己的恐惧转嫁到了孩子身上。所以，如果你在思考自己自卑的原因，那么也请一并想想你最亲密的照顾者给你树立了什么样的榜样吧。

"妈妈总是觉得我很棒！"

正如表扬和关注太少会让孩子深感不安一样，母亲认可太多也会导致脆弱的自尊。这类母亲的本意是好的，她们希望孩子成长为自信的人，所以总是赞扬自己的孩子，即便孩子的表现实属一般。这种做法也会让孩子产生极度的不安。这些孩子总是觉得自己过分重要，因为他们习惯于接受过分的关注和认可。这会导致他们在跳出家庭的环境之后很难适应新的环境——他们会获得其他评价，因此会感觉母亲的赞扬夸大其词。他们变得不安并且不知道该如何调整自己。到底什么是好的？什么是坏的？这就导致这些人的自我价值感总是在过高与过低之间徘徊。

"我是最重要的！"——自恋者

有些人在童年时就在潜意识层面习得了一种策略来平息自我怀疑：追求卓越。在潜意识层面，他们培养出了"伟大的自己"这种形象，这个形象的任务在于抑制"渺小的自己"。那个"渺小的自己"就是他们过低的自我价值感。但是，为了尽可能降低对低自我价值感的感知，"伟大的自己"必须成为完美主义者。这样一来，他就可以向那个"渺小的自己"证明自己是有存在价值的。因此，在自我价值感的感知方面，自恋者是表里不一的：在内心深处，他觉得自己没有价值并且渺小（渺小的自己），然而，那个"伟大的自己"竭尽全力地予以否认，做出对抗，所以自恋者通常不会感受到自己的自卑感。

为了尽量不感知到"渺小的自己"，自恋者会努力成为特别的人。做普通人让他们觉得反感。为了变得与众不同，"伟大的自己"

有两条路可以选：第一，不知疲倦地打磨自己的能力，直到自己成为那个外表上出色的人；第二，贬低其他人。正如自恋者会抵制自身的弱点，他们也会批判其他人的弱点。他们不能容忍自己或他人的弱点——更不用说伴侣的了。他们会将这种从内心深处感知到的贬低转嫁至其他人身上，特别是当这个人就在身边时。因此，自恋者的伴侣有着为自恋者增值的使命，他们是自恋者自我表现的延伸。这就是为什么自恋者绝对不允许自己的伴侣有难堪的表现，因为承认伴侣的弱点等于承认自己的弱点。

自恋者瞧不起弱点，那些弱点让他们发狂。但问题在于，自恋者会把自己的弱点以及对方的弱点放到放大镜之下。如果他们自己陷入了这种感知，他们就会失去判断的能力，因为对方的缺点（或者任何一个相关者的缺点）在他们的感知之下会被无限放大。自恋者从内心深处赋予自己某种权利，认为自己可以猛烈地抨击对方，而对方也会感受到自恋者强烈的攻击性。从心理学上来讲，这种攻击性源于自恋者对自己的极度蔑视。当他意识到自己内在具有的自我攻击性时，他就会努力把这种攻击性从自我认同中排挤出去，改变方向，转而投向对方。极端的自恋者在愤怒时会侮辱身边的人，而对方感受到的冒犯从原则上来讲是自恋者内心奋力抗拒的自我冒犯。他们无意识地将这种疼痛施加在别人身上，自己对此却一无所知。

自恋者向他人展现出贬低态度还有另外一个目的，就是抬高自己。自恋者对优越感有着极度的追求，别人对他们只是认可对于他们而言是不够的，他们需要的是钦佩。事实上，他们是害怕那个"渺小的自己"被否定和批判。因此，他们无意识地费尽浑身力气去掌控"渺小的自己"。按他们潜意识习得的策略，他们要让自己在其他人面前更有优越感，只有身处这种优越感中，自恋者才能真正感受到安全感。这里我们就能明白为什么自恋者多半是完美主义者了：完美让人优越。

自恋者不仅与他人为敌，还与自己为敌：他们必须压制"渺小的自己"，必须压制其他人，以免对自己造成威胁。别人有能力，对自恋者而言就是威胁，尤其是别人在他擅长的领域表现不错时。总是拿自己与别人比较，这使得自恋者承受着很大的竞争压力。

很不幸，极端自恋者不会是好的伙伴，人们很难与之相处。他们也不会是很好的伴侣或上司。他们总是在炫耀自己的长处和优越感，同时贬低对方，让他们感觉自己是渺小的。只有当你意识到，在那个无所不能的外表背后隐藏着一个缺乏安全感的渺小的自卑的小孩，你才可能对自恋者产生同情和理解。在与他们相处时，你要始终牢记这一点，并避免与之过度纠缠。

当自恋者内心那个"伟大的自己"失败或者遭受打击时，他们就会陷入危机。那个被束缚住的"渺小的自己"会叫喊："你是个失败者！我早就知道了。哈哈，你现在就像一条虫一样躺在床上！你要是别那么夸夸其谈该多好，你真可恶，就知道吹牛。我早就告诉过你，你不会成功。你就是一团烂泥，你永远是一团烂泥！"这时，自恋者会陷入深深的绝望。害怕失败的情绪已经侵袭了他。那个平时谨小慎微的"渺小的自己"开始猛烈反击。为了重新塑造自己，自恋者会再次捡起曾经的策略，即再次启动"伟大的自己"去获取成功，以弥补曾经的失败。

　　细心的读者会发现，我们每个人的内心都生活着一个小小的自恋者。有谁不会为自己被认可和成功感到高兴呢？只要还没有完全绝望，有谁不会尝试着用成功来弥补失败呢？如果身边的伴侣很邋遢，有谁不会觉得羞愧呢？有谁没有努力尝试着去限制自我怀疑呢？有谁没做过自己特别美丽或者特别有天赋的白日梦呢？实际上，自恋主义是治愈自卑的良药，只不过那些内心极度缺乏安全感的人给自己下了超高剂量。几乎所有人在克服自卑这件事上都会运用自恋策略，只不过所用剂量不像自恋者那么多而已。是什么让极端自恋者如此不讨人喜欢呢？是他们喜欢评价他人的糟糕习惯。中等或者低等程度的自恋者往往也不满足于获取认可和成功，尽管他们也会贬低身边的人，但这种贬低不像极端自恋者那样激烈。另外，低等程度的自恋者并不是时时刻刻都想贬低他人，这会让他们身边的人感觉舒服很多。自恋者的问题在于，他们总是过分关注自己的形象，而并不在乎自己的真实需求。他们的自我价值感很大程度上依赖于他人的评价，因此表面的光鲜是他们最看重的东西。

如果极端自恋者的内心防线崩溃，他们就非常容易产生自杀倾向。因为他们对于自己的人生抱有野心，而他们的人生通常也非常成功。如果你在报纸里读到，一名商业大亨陷入丑闻，或者一名电影明星无法面对自己的衰老，最终选择了自杀，那通常就与自恋人格有关。失败能够彻底损毁自恋者的内心防线。

严格来说，不自信的人都有自恋的倾向，因为他们太过恐惧，因而一直围着自己转。他们尝试着用自恋策略来应对自身的恐惧。正如我已经提到的那样，大多数自恋者都在努力提升自己的外部形象，并避免展示出自身的错误或弱点。对自己的持续关注以及为了保护自尊而做出的努力，从本质上说，都是自恋的表现。

爸爸妈妈，我非常需要你们！

孩子在生存上非常依赖父母。可以说，在人生的头几年，父母掌握着孩子的生死。父母拥有一切权力，孩子完全由他们支配。即便是 4 岁甚至 10 岁的孩子，也依然非常需要大人的保护。因此，与父母的依恋关系对于孩子的生存至关重要。这就会让孩子潜意识产生一种担忧：如果我的父母不好，并且不会保护我，那么还有谁会保护我呢？我将成为这个世界上最孤独的人。

由此，孩子从心理上就会认定自己的父母是好的、是正确的。尤其是当他们没有其他人可以转移这种依恋需求时，比如祖父母。这就是为什么孩子倾向于将糟糕的父母理想化，然后把事情的罪责归咎于自己。这种理想化成为他们与父母之间联系的内在纽带。一旦孩子发现父母对自己并没有想象的好，这种落差就会导致他们产生压倒性的愤怒。这种愤怒具有毁灭性，会使孩子与父母分离，甚至断绝关系。然而，这种情况会使孩子产生一种极端的生存恐惧和巨大的罪责感。但没有情感联结，孩子很难生存。于是，为了维持住与父母的内在联结，孩子会将愤怒指向自己，或者其他孩子。

正如我之前所提到的那样，那些被自己父母伤害或者侮辱的人经常会产生自我憎恨。他们把父母对自己的贬低内化进了自我认知里，因此为了消除这种自我憎恨，他们必须意识到自我认知里的贬低部分是父母施加给自己的。可是，这种意识的觉醒具备威胁性，因为这会导致他们背离自己的父母。也就是说，他们宁愿接受自我憎恨，也不愿破坏与父母的内在联结。因此，他们会拥护父母的观点，并且将罪责归咎在自己身上，通过这样做，他们避免了将对自己的愤怒指向父母。然而，这种维系与父母内在联结的代价是巨大的：自我憎恨通常延续终生，并最终导致自我毁灭。此外，完全糟糕的父母几乎不存在。仅仅是把孩子抚养长大这一点上，我们也应该对父母心怀感恩。养育之恩让很多人觉得"虽然他们对我严苛，但养育是他们能给予我的最好的礼物。"对于养育的感激之情也会让个体难以直面父母带给自己的伤害。

更何况，有这种处境的孩子总是会期待一切会变得好起来，所以不会将与父母断绝关系的想法付诸行动。他们乐此不疲地与父母的爱和认可做斗争，正如一个 60 岁的老人也仍然会期待着得到 80 岁母亲的哪怕一句感谢的话。

如果孩子与双亲的关系都不好，那么孩子内心对理想父母的信念就会崩溃；但如果孩子只是与父母一方关系不好，那孩子还能通过与另一方维系好亲密关系来巩固内在信念。这种情况能在一定程度上给孩子安全感，使他至少从内心层面允许自己与关系不好的一方保持距离。比如，孩子的母亲十分友善，父亲却特别冷酷严厉，母亲就可以让孩子有安全感，使他能跟父亲保持距离。但单亲家庭的孩子便不具备这种可能性，除非除父母外，还有其他成年照顾者陪伴孩子左右。然而，有些在自我价值感上受到毁灭性伤害的个体会出于报复让自己永远地与父母纠缠在一起，即便父母早已离世。他们从潜意识层面将自己的愤怒施加在父母身上，他们通过一生的时间来证明自己的父母是错的。他们的一生是不幸的，也是不成功的，因为他们（潜意识层面）的目的是报复自己的父母。他们通过这种方式向父母示威，表达自己对于他们教育的不满——父母没有任何理由拿孩子的成功作为工具，来证明自己教育的正确。被这样养育长大的孩子内心充满了自我憎恨，他们的自我憎恨还有另一个潜意识动机，即自我惩罚。

童年经历真的影响巨大吗?

我的来访者中，许多人完全没有意识到自己的童年经历对自己后来的人生有着如此深刻的影响，也从不把自己的问题归咎于父母的养育方式。他们说:"我现在已经成年了，我可以自己做决定!"这一点完全正确。但是我们的童年经历有着极大的影响力，会影响我们所做的决定和我们的思考与感受。童年经历之所以如此重要，因为那是我们的大脑在发育期获得的第一次学习经历，它深深烙印在我们的大脑结构中。因此，人们通过科学研究发现，如果婴儿的母亲有着比较好的共情能力，那么这个婴儿的镜像神经元就能生长得更好。镜像神经元对于共情能力有着十分重要的作用，一个人的镜像神经元越多，他就越能共情他人的情感。如果一个人的镜像神经元数量不够，那么他就很难共情他人的情感，也就很难正确地评价他人。这种天生的共情能力缺失只能通过后天的理解力来弥补。这就意味着，这种人需要通过大脑驱动的理性来弥补自己缺失的共情能力，因为他们的大脑结构中缺少了负责共情能力的镜像神经元。因此，早期的学习经历塑造了我们的大脑结构，从而塑造了我们的心理硬件和软件。

我也必须告诉大家，那些"差劲"的父母，他们自己的人际关系其实也很有问题。很少有父母是出于恶意而犯错误，其原因往往是能力不够或者无知。为了更好地理解童年经历的影响，了解自己的父母角色十分重要。如果可以，最好能了解一下自己父母的童年，以便更好地了解父母行为背后的原因。在这里，我想说，对于自身的优缺点进行自我觉察非常重要，因为我坚信，这才是我们处理事物的第一要务。只有诚实地了解自己，才能学会与自己和解，进而才能够理解他人——也包括理解父母的行为。

成长型自信

除了父母的教育风格，我们的成长环境和生活方式也会对我们的自我意识产生影响。我把这种影响称为"成长型自信"。在这里，我所探讨的是我们自我意识的特殊部分，例如，如果一个人成长在手工艺家庭，那么一般情况下，他会认为自己也具备手工的天赋，他可以在家庭中的手工活上找到自我；如果一个人的家人至今为止没有一个上过高中，而现在他却正在上高中，那么他的学业就不会轻松，与那些父母都是文化人的同学相比，他会对自己的智力表现出更多的自我怀疑。只要有一个亲戚展现出其他人可以模仿的特定能力或者某种生活方式，就足够形成成长型自信。所以，有些人在自己的成长历程中没有继承父母的衣钵，而是成为家族中某个长辈的后继者。

一般情况下，原生家庭认同感是在潜意识层面发生的，但它对于个体的自我认知有着重要的影响。它影响着我们的自信，我们在剖析自我价值感问题时就应该意识到这种影响，去分析原生家庭带给我们的自信在哪里。我们越是自信，就越容易学习，自我怀疑就越不能成为我们的阻碍。在现实生活中，如果我们的家族里没有任何人展现出音乐的天赋，那么我们也很难去学会某种乐器。这是因为我们缺少榜样来激活我们的自信。另外，父母也不会要求孩子展现出他们自己不曾拥有的能力。一方面，他们不会猜测自己拥有这种能力，例如艺术天赋；另一方面，他们会去思考，孩子要从哪里获得这种能力呢？如果某个孩子的父母坚决不同意他在某个方向进行积极发展，那么比起那些发展方向被父母重视的孩子，这个孩子就需要拥有更多的成功经历才能唤醒他对自身能力的信任。

自卑的其他影响和原因

现在你也许会问出这样的问题：是否所有的童年影响都可以归咎于父母的教育风格呢？其他与家庭毫无关系的原因是否对自卑也会产生影响呢？当然，很多因素也有着重要作用，例如基因遗传、同伴和老师的影响、成长环境等。然而，父母扮演着极其重要的角色，这是事实。当一个孩子在学校里受到讥讽时，如果他和父母保持着良好的亲子关系，那么他的状态就会和亲子关系不好的孩子不一样。尽管像讥讽这种由同学带来的负面影响并非源自父母，但是如果父母能够给予孩子理解和支持，那么这种负面影响就会被大大削弱。反过来，我们也可以说，孩子成长中的其他因素对自尊产生的积极影响，也可以补偿父母教育方式的缺陷。对许多人来说，童年时温暖的给予者不是父母，而是祖父母，许多无法从那里获得的爱都在祖父母这里得到了补偿。同时，同伴、老师或其他照顾者也可以发挥相同的积极作用。在这个关系层面上，我们又要提到孩子与生俱来的气质，性格外向的孩子明显拿到了更好的牌，因为他们会积极地寻求帮助，会向他人袒露心扉，会寻找一位值得信任的人，并且跟他讲述与自己家庭相关的问题；而性格内向的孩子则倾向于将问题埋在心里。在任何情况下，比起埋头思考或者沉默，吐露心扉或者积极寻求帮助都会是更好的问题解决策略。

人们可以说，有爱的父母就是可以庇护孩子一生的港湾，糟糕的亲子关系则是让孩子负累一生的精神累赘。

然而，成年后的经历仍然会严重破坏一个人的自尊，例如在工作场合发生事故，与死神失之交臂，这种经历会对一个人的自我价值感造成巨大的伤害，创伤后应激障碍的研究证明了这一点。创伤后应激障碍是一种因经历负面事件而产生的长期持续的心理反应。患者会经历恐惧、抑郁，以及强烈的敏感。尽管只有成年人才会遇到这种问题，但它仍会对自我价值感产生十分消极的影响，因为它给人们留下了极端痛苦的经历。另外，对于创伤后应激障碍患者而言，"这个世界是一个安全避难所"的信念也被严重摧毁了。

内在小孩

我们的童年经历以及与生俱来的特性构成了我们的存在内核，而这是由我们的"内在小孩"决定的。内在小孩是一个在心理学领域经常被应用的比喻。我们可以把他设想为一个真的小孩，并将他的年龄设定为我们所感觉到的年龄。当人们思考自己的内核年龄时，如果对自己诚实，那么大多数人会认为这个内在小孩差不多是 3~6 岁的样子。比如说，我的内在小孩是 4 岁。

内在小孩就是某种形式的自我感觉，也可以理解为一个人的基本生活态度，他的行为和情绪会随之摆动。例如，我的内在小孩是一个愉悦的、具有很强的行动力的孩子，并且十分善于交际，只有当存在具体的原因时，他才会感觉到悲伤，他对自己和其他人充满信任，但他不喜欢孤单，他害怕自己或者所爱之人离世。他身上的那种我感知到的积极向上的情绪基本都来源于我幸福的童年和我与生俱来的气质。我的基因决定了我天生外向，也决定了我善交际、爱冒险、高行动力和好脾气。幸福的童年帮助我建立了安全型依恋风格，我的思考模式就是"我好，你也好"。

如果一个人的童年不幸，并且他天生属于那种喜欢苦思冥想或者恐惧害怕的类型，那么他的内在小孩就会对这个世界感到不安，因为他始终觉得别人会拒绝他。这个内在小孩的基本风格是压抑的，很容易受到伤害，他对于他人的态度是犹豫的，也不敢表达自我。作为一个成年人，他总是会一次又一次地陷入这样的境地：感到自己像小时候一样渺小、无足轻重或者被人拒于千里之外。

识别出我们内在的部分，也就是我们的内在小孩，并把它与已经长大的内在部分（被称为"内在成年人"）区分开来，这一点非常重要。我将在下一个章节告诉大家如何去做。

第三部分

我要出去

为什么心理疗法有效呢？心理疗法的功效在于它能帮助一个人梳理他的人生计划，并通过修正法帮助他消除或者至少降低该计划的不足。一般来说，这种修正法通过混合不同措施能够帮我们获得改变后的自我与他人认知，包括伴随而来的改变后的感觉与思维方式，以及随之产生的全新的决定。我也会尝试与各位读者一起完成这些学习步骤——从自我认知开始。在接下来的章节里，你会更加了解自己并且有机会去改变自我认知。另外，我会经常给你提供一些小的练习，如果你有时间，请认真地完成这些练习，片刻后你可能就会感受到一些改变。在继续阅读这本书的过程中，你会发现不仅你的自我认知会发生改变，你对他人的认知也会发生改变。因为这些改变了的自我认知和他人认知，你会产生其他的感受和思维方式，最终你会产生新的决定。你的认知、感受、思维，以及随之而来的行动都是相互影响的。如果你可以更好地认识这其中的关系，就能更加容易地去影响这些关系并提升你的自我价值感。

接下来，我会提供具体的措施来帮助你提升自我价值感。这些帮助措施建立在四个不同的层面上，在每一个层面上我们都会探讨以下几个问题：认识自我、接纳自我、变得更具行动力、更好地处理自己的情绪。

在第一个层面上，我将探讨的是认识自我。在这个部分，我会向你展示如何和自己成为朋友，或者换句话说，你要如何在自己身上找到安身立命之处。

在第二个层面上，我将探讨的是沟通。在这个部分，我会帮助你在面对他人时更合适地表现自己。同时，我也会帮助你认识到你在沟通中的盲区，使你能更好地发挥自己的作用，减少你在人际关系上的困难。

在第三个层面上，我将探讨的是行动力。我会帮助你学会积极生活，以及自我负责。

在第四个层面上，我将探讨的是感受。在这个部分，我会帮助你更好地理解并调控自己的情绪。

在这些帮助策略中，我也会探讨身体层面的反应，例如呼吸、身体姿势或者身体感受。人的生理和心理之间存在着紧密的联系。例如，我们在感觉恐惧时会觉得腿软，这会对我们的思维产生强烈的影响。一方面，我们在觉得腿软时就会想："现在我什么都做不了了！"另一方面，这些强烈的身体感觉先于思维产生，而后思维又将我们强烈地困于这种身体感觉中。例如，我们在出现"我的老板马上要责备我了！"这个想法时就会心跳加速。

当一个人长期处于压力之下，他的精神和身体就会失去平衡。

长期承受压力的大脑会以不同的方式运作。持续处于压力之下的人身体会产生大量的糖皮质激素，如皮质醇。一般而言，糖皮质激素会帮助我们更好地应对挑战，让我们的身体在短期之内保持活跃。但是如果我们的身体持续处于压力之下，即长期处于"通电"状态，"应急按钮"就无法正常启动——因为它一直处于应急状态。持续的紧张意味着身体比平时更难承受压力。由于糖皮质激素被持续激活，身体几乎将一切都视为压力——这是一个恶性循环，导致身体处于持续的紧张和高度活跃状态，个体烦躁不安，无法放松下来，总是觉得自己有事要做，直到这个机制彻底崩溃。

因此，感觉、思维和身体反应的相互作用是紧密交织在一起的。许多心理学研究表明，心理变化也可以通过身体变化来实现，无论是通过姿势、呼吸还是仅仅通过运动。例如，我们可以通过有意识的呼吸让自己平静下来。然而，关于身体与精神的相互作用，我们需要清楚一点：身体比大脑学习得慢。拿糖皮质激素举例：如果一个人决定平静地、放松地生活，他的身体可能需要花费六个星期的时间来学习才会实现这种改变。了解这一点后我们就知道了，我们的身体有时会捉弄我们。

我的一个来访者长期患有焦虑症。她已经学会了比较好地控制自己的情绪，然而她的身体依旧还会出现焦虑反应，比如心跳过快。每当这种时刻，她会平静下来，让自己意识到身体还没有接受恐惧已经消失的事实。通过这样的方式，她打破了身体反应的恶性循环，即只要心跳过快，随后就会出现"我害怕"的想法。当你踏上改变的道路时，对自己要有耐心、理解和同情心，这很重要。正如我前面提到的，自我价值感是心灵的中心，它处于很深很深的层面上，快速而肤浅的措施无法打动它。像童话里那样喊三声"阿拉丁"是没有办法召唤它的。这个改变的过程需要持之以恒。然而，你只要坚持去做，就有可能提升自信，而且特别值得！

第八章　接纳自我

我在这本书的开头就已经提到，自我价值感高的人和自我价值感低的人，其本质区别在于，自我价值感高的人会接纳自己的缺陷，而自我价值感低的人则喜欢追求遥不可及的理想形象。他们将理想自我与现实自我进行对比，只要发现自己没有理想自我那么完美，他们就会感到糟糕和沮丧。许多缺乏自信的人都憋着一股劲儿，想要变得更美丽、更聪明、更机灵，甚至在各个方面都要变得更完美。但事实上，这并不重要，或者说并不是核心。比起变得更美丽、更有能力，更重要的是要学会接纳自己的不完美。不自信的人通常最不能接受的就是认识到自己是自卑的。我在心理治疗谈话中发现，接纳自己的自卑感是自我疗愈的重要一步。

接纳自己的不自信

这句话指的是：接受自己所有的不自信。告诉你自己："是的，就是这样！"请停止与自己的战争，你完全可以不安。不自信并不糟糕，它也有着迷人的一面。也许你和你的内在小孩在童年时期积攒了很多令人沮丧的经历，所以你如今才变得如此不安。请理解你自己。不自信并不糟糕，糟糕的是自欺欺人，以及因此而有意识或无意识地伤害到自己和他人。如果你用错误的方式对抗自己的不自信，为了让自己感觉更好而贬低别人，或者因为害怕犯错而迟迟不敢行动，这才是最可怕的。正如我一遍又一遍地提到的，对于我们心理上的感觉，我们的身体是可以感觉到的，虽然我们通常没有意识到这一点。身体上的感知具有很强的力量，它控制着我们，并决定着我们的内在状态。大多数读者可能都有过这样的经历：当你不自信时，你的身体也会感受到这一点，出汗、心跳、手抖等典型身体症状都会让我们知道自己正处于害怕的状态。

下面我想给你布置一个小练习：闭上眼睛，将你的注意力集中在你身体的中段，差不多是胸部和腹部的部分。关注你的呼吸——不要尝试着去纠正它，只是去感受你呼吸的深度。它在什么地方停顿了吗？接下来，请你尝试去感受你的不自信，你可以设想一个具体的让你感觉不自信的情景。你的身体是如何感知不自信的？这里指的是感知的层面，你可以用以下的文字来形容：胃部痉挛，胸口变得紧绷，心怦怦直跳，好像所有的东西都蜷缩在一起。请你在这种状态中保持一会儿，然后从内心里对自己说："对，就是这样，这种感觉属于我。"尝试着在呼吸中去感知这些文字形容的感觉。很多来访者在做这个练习的时候会产生自我怀疑，比如"我做不到""我还不够好""我不值得"等。我会让他们去友好地回应这些声音："没错，这就是你对自己的看法。这就是你的不自信。这就是让你产生错误的自我评价的不自信。尝试着去感受它吧。"你不需要逐字逐句地去接受这种表达，这个练习的目的在于让你理解这个原则：尝试着从内在与你的不安全感建立联系，并且接纳它。

在日常生活中，你应该尝试让自己关注"什么是有意义的""什么是体面的"，而不是"如何最好地保护自己免受伤害"。这意味着你要把目光从自己身上挪开，放到事实本身以及他人身上，这是一方面；另一方面，你要对自己诚实，诚实面对自己的优势和缺陷。有嫉妒情绪并不是坏事——每个人都会有这种情绪，我也会有。但是，如果我不承认这种嫉妒并且放任其蔓延，同时还有意或者无意地去伤害他人，那可就太糟糕了。因此，第一步，我们要学会聚焦我们的自身、想法和感受；第二步，我们要思考如何正确看待事实和与他人的关系。这种聚焦更高价值观而不是自我保护的做法，有助于我们以健康的方式来提升自我价值感。我将在后文中更具体地讨论这一点，随着我的探讨，你对它的理解也会越来越清晰。

用呼吸对抗恐惧

身心学通常把心理和生理区分开来，认为一个人的心理状态会在身体上表现出来。比如，收到老板的邀请会造成胃痛。我的一名来访者说她失恋时感到自己的心像被灼烧了一样。事实上，最新的研究表明，不管是生理上还是心理上的疼痛都会激活大脑的疼痛中枢。因此，我们的大脑并不能真的区分生理上的疼痛和心理上的疼痛。现实经验告诉我们，人类确实会因为心碎而死。基于日常经验，我们也能发现，一个人身体的不适会给他带来沉重的心理负担。如果一个人牙特别疼，那他还有心思跳舞吗？

个体的某些感觉是相互排斥的。比如我们不会同时感觉到恐惧和放松：这两者不可能同时出现。恐惧的感觉会使颈部肌肉组织紧绷，让人出现紧张性头痛的症状；反之，如果颈部肌肉能够放松，人也就感受不到恐惧了。这就是为什么身体练习会使我们的心情得到明显改善。一个人进行足量身体练习后，虽然筋疲力尽，却会感到十分愉悦。我想这种感觉大家都很熟悉。有很多身体练习能够改善我们的心理状态，尤其是呼吸练习。

我的一名患有惊恐症的来访者对我说："通过正确的呼吸技巧以及积极的心理疗法，我成功摆脱了我的惊恐症。"这个过程中到底发生了什么呢？每当这名来访者惊恐发作时，她就会开始做呼吸练习，但只是用上胸部呼吸。这是我们身体的一种机制反应，简单的浅呼吸有助于我们把注意力从负面事件上转移开。因此，如果大家去看牙医，我建议做根管治疗时不要深呼吸。如果你的恐惧十分剧烈，你的呼吸就会变得十分急促，消耗的氧气就会减少，血液开始冒泡、手指发痒，人也变得昏昏沉沉。这种感觉会加剧你的恐惧，导致惊恐症的发作。急促的呼吸给大脑释放出了"危险正在来临"的信号，激活了所谓的副交感神经系统，因此你没有办法平静下来。在这种情形下，你会失去对自己呼吸的控制，脉搏跳动加快，呼吸受阻，这就是典型的惊恐感受："现在一切都完蛋了！"同时你也失去了行动力。

在心理治疗中，我们会让来访者学会腹式呼吸。你也可以练习：把手放在你的肚子上，吸气时鼓起肚子，呼气时收紧肚子。腹式呼吸对身体有很多好处，比如清理身体的垃圾、改善腹部器官的血液流通、放松颈部肌肉，消除身体的恐惧感，用合适的方式为身体注入氧气等。肌肉放松、血液流通以及呼吸动作的联合作用，可以帮助大脑释放出神经递质，从而激活所谓的副交感神经系统。该系统负责睡眠、新陈代谢、消化和恢复。正如我在前面所提到的那样，某些特定的感觉不会同时出现，比如放松与恐惧。正确的呼吸可以帮助我们缓解紧张的情绪，并且让身体得以放松。放松可以瓦解恐惧。这就是我们大脑中神经、神经递质和激素联合作用的结果。我的来访者说："对我来说，能够控制呼吸意味着能够控制人生。"重要的是，你可以带着愉悦的心情去完成该项练习，并且定期练习，不管是在地铁里还是在厨房里，只需在吸气时鼓起肚子，在呼气时收紧肚子即可。

不要羞愧，去生活

在这里，我想探讨一种恶性循环，它源于人们因为某种问题产生的羞愧感。心理问题总是有两个方面，比如"我害怕与陌生人相处"这个问题，一方面，它已经给自身产生很多的困扰了，另一方面，大多数人还会因此羞愧并且贬低自己，让这个问题变得更加糟糕。我在与来访者的对话过程中经常发现，第二个方面的问题实际上比第一个方面的问题更令人困扰。我甚至想说，对于原本问题的羞愧才是问题症结所在。这种羞愧经常会阻碍问题的解决，因为它总是横在问题的前面，死循环就此产生。

罗伯特，一名35岁的男性，患有恐女症。他的病症源于他的自卑情结。他坚信自己不会得到任何女人的爱，只要他靠近女人，他就会产生恐慌的情绪，只能离开。他从未与女性发生过性关系。他完全没有办法向朋友倾诉自己的苦衷，因此他将这个秘密埋在心中，长年忍受着这种痛苦。这种羞愧使得他无法直面自己的问题。罗伯特陷入了羞愧的死循环。想要解决这个问题，他就必须正视它。也就是说，想要接近女性，他首先要有勇气直面自己对女性的恐惧。

在很多情况下，能承认自己的问题就已经完成了治愈的过程。问题可以被解决，只要我接受它。例如，我承认自己容易脸红，那么我可能就不会再脸红了，因为我觉得脸红并不是一件尴尬的事情。很多与不自信相关的问题也是如此。因此，我强烈建议你要学着去接纳自己的不自信。

想要解决自己的问题，你就必须改变自己对这个问题的态度。这意味着你要用友好的方式去理解自己的问题。在这一点上，我前文所提及的练习很有帮助，即用身体感知这个问题，并对自己说："是的，就是这样！"

当你理解了产生这个问题的原因，你就能更好地去理解自己和自己的问题。例如，当罗伯特知道自己曾经受到极其严格的教育，而这种基于非常狭隘的标准设计的教育方法让他在童年以及青少年时期就感觉到自己不够好，他就能更好地理解自己的问题，并且能够以更加温和的方式去处理它了。

自我接受的内核是心怀善意地面对自己的不足。想想一个虽然不完美但你特别喜欢的人、动物或物体，然后把这种想法和感受转移到自己身上。

接纳缺点，发现优点

我总是能在不自信的人身上发现，他们喜欢放大自己的缺点，并弱化自己的优点。他们的自我评价是扭曲的。我的一个来访者具有非常低的自我评价，她的全部焦点都放在她那有些不平整的面部肌肤上。青春期时，她长了很多青春痘因此几乎不敢出门；成年后，她的皮肤状态明显改善，但是她还是觉得自己依然是那个脸上长满青春痘的 14 岁少女。

　　其实除了皮肤问题，她有很多优点，比如说她的身材很好。但是，她既看不到自己外在的优势，也看不到自己内在的优点，对于自己的能力和优势，她毫无认知，只会一味地贬低自己。比如，她觉得自己的身材"干扁"（在我的眼里或者大多数女性的眼里，她的身材完全算得上"模特身材"了）。她的所有注意力都放在自己现实存在的缺点以及臆想出来的缺点上。这种扭曲认知在不自信的人身上表现得非常典型。

　　在咨询工作中，首先，我帮助这名来访者正确地评价自己的缺点。通过这一步，她意识到了自己对自身皮肤的评价过于夸大，并且这种夸大评价源自她在青春期时长了很多青春痘。其次，我帮助她接受任何人的皮肤都有瑕疵这个事实，并教她学会与缺点共存。在这个阶段，让来访者将自己的命运与其他人的命运进行对比也十分奏效，比如，有比面部皮肤有痘印更糟糕的经历。最后，我帮助她看到自己的优点，让她学会将自身优点也融入对自我形象的评价中。

　　这些措施的目的在于帮助来访者建立完整且合适的自我形象，并将其内化，以便她能够与自己的弱点和解，学会接纳不足，而不是对抗不足。其中尤为重要的是学着用现实的眼光去看待自己的不足：很多人在评价（臆想的）自身不足时会将其过分夸大。向好朋友分享你的自我认知是一个不错的办法，这样你就可以从外部获取对于自身现实形象的评价。另外，你可以尝试对自我评价进行对峙和论证。比如，你觉得自己是一个失败者，那么就将这种失败具体描述出来：你的失败发生在什么时候？方式是怎样的？你在什么时候、什么地点没有失败，甚至获得了成功？你的失败表现和你自身的价值具体有着怎样的关系？你的失败感和现实存在多大关系？这种感觉来自你的童年经历还是你成年后的表现？通常来说，不自信的人往往会夸大自己的失败经历。

　　例如，我的另外一名来访者毕业于中学教育专业。但对于她而言，她的实习期就像地狱一般。她的实习导师非常严格，这导致她对失败产生了强烈的恐惧。因为害怕，她的实习讲课表现十分差劲，实习老师给她打了很低的评分。为此，她非常羞愧，不想跟任何人提起此事。她甚至打算换一条职业道路。事实上，她的自卑感和羞耻感来源于她的童年。她的父亲习惯使用羞辱和极端专制的教育方法，而她的母亲十分软弱，也没有给她提供好的榜样。她把这种低自我价值感带进了她的学习生涯，学业的失败又加剧了这种感受。在臆想中，这名来访者认为自己是无能的。然而，在我看来她的情形并不怎么糟糕：很明显，童年经历让她获得了低自我价值感，现在又遇上了缺乏教导能力却要求苛刻的实习老师，这让她陷入了困境。这完全可以理解。尽管这令人遗憾，但是她有必要感觉羞耻吗？如果她的一位朋友也向她讲述相同的故事，她一定能够表示理解，并且不会因此看低她。然而她对自己却没办法像对别人一样宽容。

这个现象发生在很多来访者的身上：同样的行为发生在自己身上，他们觉得难以忍受，但是发生在其他人身上，他们却觉得很正常。很多人也会这样表达："这件事发生在其他人身上，我并不会觉得很糟糕，但是如果发生在我身上，我会觉得很难忍受！"请尝试着在审视自己时多思考下自己的童年和人生经历，在此基础上，多给予自己一些理解，像对待自己的好朋友那样来对待自己。

接纳你的缺点，意味着接纳你自己的局限性。让自己不快乐的一个万无一失的秘诀就是始终和比你更有能力、更美、更有天赋的人比较。如果选择了错误的比较标准，就意味着选择了停止不前。我们的自我评价应该建立在正确的评价基准上。大多数人都资质平平，不会特别聪明，也不会特别美丽。正确的自我价值感是可以认清现实，接纳现实，而不是追随错误的完美目标。你不必完美，只要努力就足够了。这就是生活的艺术。健康的人生态度是既不过分夸大自己的能力也不妄自菲薄，是保护自我价值感。接纳自我的前提是自己有勇气去面对现实——现实就是我会犯错、我有局限性和不足。例如，假设我不承认自己是一个有攻击性的人，那么我也不会改变。如果我不承认，我就能逃避我的人生责任，如果我不承认我的天赋有边界，那么我也不会对我取得的成绩感到满足。

这句话送给极度自卑的你：只有当你内心感到安全，有勇气去直面现实时，你才会尝试着诚实地探索自我认知。一个极度自卑的人会被自己的弱点压垮。自卑的人为了在心理层面存活下去，他会尽自己所能去抗争，他会压抑过去经历或早年事件对自己的伤害。纳撒尼尔·布兰登在他的书《自尊的六根支柱》中写道："在自尊之下还有一个更现实的层面，即自我接纳。"这个层面说的是人有着积极的、与生俱来的利己主义，以及为生存权益和自我生命做出的斗争。这是一个人对自己的基本尊重。布兰登认为，如果一个人缺少这方面的能力，那么所有其他干预措施都无济于事。因此，他推荐自卑的人要对自己发表如下宣言："我决定重视自己，尊重自己，捍卫自己的生存权。"这意味着一个人肯定自己的生存权利。如果一个人存在着严重的自我价值感问题，他往往会对自己的生存权利产生怀疑。这种根深蒂固的自我怀疑源于早期的童年经历，即不被接受的感觉。事实上，并不是所有的母亲都会因为成为一名母亲而感到快乐，她们在接受孩子这件事上出现了障碍。孩子也感受到了这一点，并将自己母亲或者其他监护人的拒绝情绪纳入了对自己的态度里。这样的个体在潜意识层面也拒绝了自己的存在。

除了以上所提到的自我宣言，我将在下一节分享另一个干预措施：如何更好地自我照顾。

把你的内在小孩捧在手心

在前文中，我提到了人格中的被心理学家称为"内在小孩"的性格组成部分。在大多数情况下，我们如何感觉、如何行动都是由我们的内在小孩决定的。正如我所提及的那样，这个内在小孩受到我们童年早期经历和我们与生俱来的气质的影响。在我们的心理层面，除了这个内在小孩，还住着一个内在成人。这个内在成人明确知道，对于他而言，什么是对、什么是错。他也知道，自己（以及内在小孩）感受到的很多恐惧其实是没有必要或者被夸大的。内在成人总是觉得："在理性上，我完全理解，但是我就是无法做出改变！"但问题在于很多人根本不了解内在成人的存在，他们在思考内在小孩的问题时，没有考虑过还有内在成人。他们认为二者是一体的。

因此，当你陷入不安和恐惧时，你要意识到这只是你的一部分——只是那个不安的内在小孩，你的另一部分即内在成人依然可以理性地思考，也能够采取行动。因此，你要有意识地进行意识分离：一部分是内在小孩，他总是不安、抗拒，并且觉得自己无能；另一部分是内在成人，他至少在理论层面上知道他的恐惧被夸大了，而且可以采取行动。

如果你是那种甚至在理论层面上都无法想象你的恐惧和自卑被夸大了，而完全相信这就是事实的人，那么我可以告诉你，你的想法是错误的，你被内在小孩裹挟了。如果你感觉到恐惧，而你的内在成人并没有为此发声，任由内在小孩掌控着你，那么请暂时把我——斯蒂芬妮·斯塔尔作为你的"协助成人"。当我告诉你，你的恐惧已经超出理性的范畴，并且被夸大时，请你一定要相信我。当一个小孩感到不安或者恐惧时，大人应该做什么呢？

想象一下，你有一个四岁的孩子，他害怕去幼儿园。你会责骂他吗？你会赶他去吗？你会告诉他，他是多么可笑和愚蠢吗？你大概不会这么做。取而代之的是，你会安慰他、鼓励他并且向他解释，他不需要害怕。当你的内在小孩再次感到害怕时，你应该怎么处理呢？你是友好地抚慰他，还是对他说"别这样！""振作起来！""我就知道你是个失败者！"类似的话？可能是后者。但这样处理对你有帮助吗？大概率很少。真实的小孩和内在小孩都需要爱和关注，而不是否定和拒绝。他们需要认可，而不是羞辱。任何一个小孩包括你的内在小孩，都需要被接纳，需要你接纳他们的优点和缺点，需要你接纳他们真实的样子。所以，请你与自己的内在小孩建立联结，并与他对话——倾听他的疾苦，给他安慰。

举个例子，50岁的科马是一家工厂的生产经理，成熟稳重，他的工作做得很好，他也喜欢自己的工作。他只有一个烦恼，就是当和自己的上级沟通，特别是与上级的观点不一致时，他会变得十分胆怯，毫无自信。科马讨厌这种状态。这完全不符合他的大男人形象，他责骂自己，认为自己在面对老板的时候应该表现得有胆量一些。但是这无济于事，相反，他更觉得自己可怜了，正是因为自己没胆量，自己才是这般模样。在这里，科马并没有意识到，他的内在小孩把他的老板当成了自己的父亲。

科马的父亲非常独断，在家里他就是法律。孩童时期，科马从没有说服过自己的父亲，即便自己是对的、父亲是错的。作为孩子的科马没有任何选择，只能臣服于自己的父亲。很明显父亲于他而言就是强者。这给科马的内在小孩造成了严重的影响，以至于成年后的他害怕所有权威男性。

对于科马而言，与其责骂自己——无意识地责骂内在小孩，不如想想接下来这么做有效。首先，他要认识到，那个害怕父亲的是他的内在小孩，现在的他把这份恐惧投射到了老板身上。然后，他应该拥抱自己的内在小孩，并且通过内在成人来告诉他："你的恐惧来自父亲。当时你的处境是糟糕的。你没有机会说出你的想法。但是你的老板不是你的父亲，我也在呢，我是成人，我会和老板沟通。你不需要为此操心。"这样一来，科马的内在小孩就会理解他现在的恐惧，并且感觉到自己被接受，他就会平静下来。科马可以通过这样的对话说服自己的内在小孩。也许他的恐惧不会完全消失，但是会变少，在这样的情形下他也将变得更具行动力。

你要意识到，你的恐惧在很大程度上源自童年经历，当你感到不安全时，你的内在小孩就会有感应。请你与你的内在小孩建立联结，学着友好地对待他、理解他。你不必屈服于你的恐惧：能克服恐惧的只有行动，而不是逃避。内在小孩只是在表达他的恐惧，但最终做出行动的是你，也就是内在成人。归根结底，你的内在成人必须完成父母未完成的养育工作，有责任去引导你的内在小孩，并给予他所需要的同情与支持。我将在后面的章节中对此进行更为详尽的阐述。

在心理学上有一个概念叫作"涵容"。当孩子哭闹时，母亲把他拥入怀中感受他正感受的压力和痛苦，涵容就在发生。母亲陪孩子一同感受，她涵容了孩子的痛苦。随后她可以"清理"掉疼痛，例如她对孩子满怀关爱地说："哦，亲爱的孩子，你还痛吗？"她用爱去处理孩子的痛苦。她通过这种方式将孩子的负面感受转化为正面感受。尽管孩子还感到疼痛，但是他从母亲的回应中感受到了安全感。如果母亲责骂自己的孩子，孩子的压力就会增加，正如我们经常看到的那样，孩子久久不能从负面情绪中脱离，因为他找不到救赎之路。母亲通过有爱的表现可以减轻孩子的部分压力。但是如果她责骂孩子，那么孩子的压力就会加剧。你能理解吗？当你的内在成人能够用充满爱意的方式去抚慰你的内在小孩时，内在小孩的负面情绪就会得到消解。

如果你非常不自信，对自己的存在价值有着强烈的怀疑，那么请把自己想象成一个小婴儿，并且问一问自己，这个小婴儿是否有生存的权利？这个小婴儿是否不配获得美好的生活？试着把你对自己的评价从母亲或其他重要他人对你的评价中分离出来。或许你母亲的母亲也并没有多么爱她、接纳她，这导致你的母亲在照顾她时茫然无措。你要有意识地告诉你的内在小孩：失败的是母亲，而不是你。你来到这个世界是无罪的。虽然说服你的内在小孩需要花费耐心，但是这条路绝对值得一试。

给自己写封信

我建议我的来访者练习写治疗日记，在日记中写下他们的想法、感受、担心、快乐和见解。写作可以帮助我们从头到尾地思考清楚一件事情。这有助于我们更精确、更深刻地看待问题。另外，当我们在书写时，我们能够更好地记住新的理解，因为我们常常忘记。除此之外，心理学研究发现，当我们的感受和想法跃然于纸上时，我们的免疫系统会得到加强，因为书写是一种释压的过程——人们可以将自己脑中的烦恼清理到一张纸上。有时候我也会鼓励我的来访者给自己写信，就像给一个好朋友写信一样，来倾吐自己的烦恼。在写信时，书写者要用友好的语气来倾诉问题，也要记录自己的优点，并尽可能地展示出解决问题的方式，示例如下。

亲爱的卡尔：

我经常会想起你，因为我看到了你是怎样一个人在解决问题。比起立马去行动，你更喜欢苦苦思索，这导致机会总是从你身边溜走。你有很多值得一提的优点：你的工艺品做得不错，你是一名好厨师，你是一位好爸爸，你是值得结交的好朋友，你的滑板滑得真的很棒。你应该对自己感到满意。你所有的不安与你现在的能力及成就都无关，而是与你无法摆脱的陈旧往事息息相关。那时候，你的父母离婚了，你在学校里遭受到了同学们的霸凌。

爸爸妈妈之间的事很糟糕。妈妈总是情绪很低落，总是在哭泣，而爸爸总是在责骂她。你没有办法安慰妈妈，也没有办法让爸爸回头。但这不是你的错！当你还是个孩子的时候，你总想着让妈妈开心。你总是尽量不让她难过，努力做个乖孩子，把好成绩带回家。在学校里，同学们都叫你书呆子，但你没有对妈妈说，你把这些心事藏在心底，因为你不想让妈妈担心。那个时候的你觉得好孤独啊。你也不会把这些心事告诉爸爸，因为和妈妈一样，爸爸也有着自己的烦恼。慢慢地，你习惯了自己应付所有的事情，你不想成为任何人的负担。童年时期的恐惧感一直如影随形，你害怕被叫书呆子，害怕被嫉妒，所以你不再轻松地展现自己的真实能力。

但是，最糟糕的莫过于你拥有的愚蠢的妒忌心。你总是害怕你的妻子会离开你。你一直在默默承受这种妒忌。你真的很可怜，虽然我不能给你明确的建设性建议，但是我至少可以告诉你，我理解你：你不想再经历家庭破裂了。你要意识到，所有的恐惧都只和过去有关。当你还是个孩子的时候，你没有办法掌控你的人生——你没有办法让爸爸妈妈复合。现在你已经长大了，世界看起来完全不同了。如今你的命运掌握在你自己手里。哦，对了，我突然想起，小时候的你其实十分勇敢。你能爬上每一棵树，你能从十米高台上跳下来，在必要的时候，你能用拳头保护自己的朋友。这种勇气仍然在你的身体里，你要把它激活……

这封信可以很长、很详细。重要的是，你要去理解自己。

如果我是一个自恋者，我该怎么办？

与其他自尊受损者相比，自恋者完全不同，他们完全不知道自己的问题。那个"伟大的自己"让那个"渺小的自己"闭上了嘴巴，尽管令人痛苦的自我怀疑会像闪电一般冲击到自我意识，但是它很快又被驱逐回潜意识里，因为自恋者是不允许自我怀疑的。

如果你想要了解自恋者的逻辑，那么你必须明白，自恋者给自己和外部世界编织出了一个生活的谎言。这将他与其他自我价值感低的人明显区分开来。与自恋者不同的是，其他自我价值感低的人对自己的弱点了如指掌，并会有意识地去了解自身弱点——甚至了解过头，这就是他们的问题。而自恋者则无意识地做着相反的事情：他们无视自己的弱点，只看到了自己眼中那个"伟大的自己"。因此，他们在潜意识层面非常害怕幻想破灭。他们陷入了死循环：想要解决自恋问题，就必须放下防御。可这么做意味着那个"伟大的自己"会随之崩塌，他们的生存恐惧就会弥漫开来。"伟大的自己"是自恋者生活的支撑。一旦被压抑的自我怀疑跳出来，他们就会无处可逃，随之陷入可怕的灵魂深渊。

所有自我价值感存在问题的人都需要给予自己大量的耐心和同情。自恋者需要的尤其多。然而，这个需求与他们根深蒂固的自我蔑视背道而驰。如果一个人极度否定自己，那他怎么会体谅自己呢？因此，我强烈推荐自恋的人理性地、缓慢地靠近自己的问题。首先要学会理性地认识自己的内在逻辑，以避免在剖析自我时被强烈的自我怀疑淹没。

如果你怀疑自己有自恋问题，那么你首先要学着客观地审视自己。请尽可能以他者视角来看待自己的问题。对你来说，最重要的是不要相信你内心的声音。这些声音试图让你相信你是毫无价值的。在你做好准备去直面你内心的恐惧和自我怀疑之前，先好好分析你的童年经历。这一点很重要，因为这样你才能理解你的自我价值感问题源自哪里。这里需要注意，你要让内在成人参与全程，让自己在分析童年经历时时刻保持理性，以免过度认同内心的自我蔑视和自我苛责。内在成人可以帮助你从理性上认识到，小时候的你被深深伤害过，并且这些伤害是外界施加给你的。糟糕的不是你本身，而是你的内在小孩错误地认为你是糟糕的。你是错误教育方法和糟糕童年经历的牺牲品。尝试着做一个个人总结，我在下面的章节也会对此进行论述。

对你来说，首要原则是将你的弱点和优势融合进你的自我形象中。作为自恋者，你很容易陷入非黑即白的思维方式。这意味着，你要么完全认同那个"伟大的自己"，认为自己是"伟大的人"，要么完全认同那个"渺小的自己"，认为自己"什么都不是"。这时，赞美和诅咒自己都不对。你可以把"渺小的自己"和"伟大的自己"想象成两个内在空间：你要么住在金色宫殿里（伟大的自己），要么住在黑色小屋里（渺小的自己）。在金色宫殿里，你眼花缭乱；在黑色小屋里，你眼前一片漆黑。试着去拆掉这两个房间，把它们重新建成一个舒适的房子，在这里你可以按照自己喜欢的样子活着。想要实现这一点，你需要做的是提升自己用合适且恰当的标准进行自我评估的能力。这个标准既适用于你的优势，也适用于你的弱点。例如，尽管"伟大的自己"这个评价过于夸大其词，但也有很多可取之处，因为你确实有很多优点，并且在生活中的确也取得了一些成就，你完全可以为自己感到骄傲。当你在面对自己的弱点时，也请用合适的标准去评价它。如果你认为你"什么都不是"或者"就是个失败者",那么你就错了。请你始终意识到,正如很多自我价值感受损的人一样,你内心深刻的不安全感是建立在错误的信念之上的,这些错误信念来源于你从悲惨的童年开始就背负的那些包袱。

学着把自我安全感刻在身体里,而不是头脑里。通过调整呼吸可以很好地做到这一点。我们的目的在于,将"渺小的自己"和"伟大的自己"融合成一个"合适的自己"。请设想,当你深吸一口气时,你的位置很高(伟大的自己),当你呼出一口气时,你的位置就降低了(渺小的自己)。在深呼吸的过程中,你在两种状态之间转换,并且把它们连接到了一起。你可以在任何一个地方完成这个练习,这是这个练习的巨大优势。通过这种方式,你的身体学习到一种全新的生活感知:对自己的整体感知,而不是徘徊在两个极端。

在纠正自我价值感的道路上,对你来说最困难的任务之一就是接受自己并不是一个特别的人。当你走上自我认知的这条路,你就必须要学着习惯这种想法——平凡的生活完全能过得有意义。你要看到自我发展的局限性,不一定要让自己在某个领域成为多么突出的人。

让自己从自恋逻辑里跳出来,是一条漫长且艰辛的路。当你行进在这条道路上,你会一次次看到那个"渺小的自己"企图拽你而入的深渊。正是因为自恋的你将自我怀疑完全压抑在潜意识层面，所以比起那些对自我怀疑有意识感知的人，自我怀疑每一次跑到意识层面都会对你极具杀伤力。你越逃避"渺小的自己"，当他出现时，就越容易让你大吃一惊。所以我重申一遍：你的目的不是认同"渺小的自己"。"渺小的自己"是你那卑微的内在小孩，他一直以来总是被人忽视。但是他只是你人格的一部分，这个内在小孩需要从你的内在成人身上获取大量的同情、共情和理解："内在小孩啊，你并不是自己以为的那样糟糕、没有价值。"如果你和"渺小的自己"建立了联结，觉得自己身处在一个黑暗小屋里，那么请你将这个深刻的感觉停留在童年，以便更好地认识它。请满怀同情地去感知那个受辱的内在小孩，请带着爱意去理解那个卑微的小孩。倾听他说了什么，并且尝试着作为"一位友好的成人"去安慰他。通过这么做，那些让你感觉自我怀疑的感受也会马上过去。不要担心自己会淹没在自我怀疑中，因为这时的你建立起了自我安全感。你的自我安全感就是你的理性或内在成人，他知道此刻的崩溃只是你现在身处的一种内在状态，并且这种内在状态并不等同于客观现实，也不等同于客观的你。

这种内在的自我安全感会防止你陷入极端自我贬低的状态。同时，你还要明确一点，自恋者会通过大量贬低他人来掩盖自己的问题。关于这点，我会在后面章节中展开阐述。

自卑的内核：我很糟糕

改善深层次的自我价值感非常难，因为自我形象也就是关于"我是谁"的这个自我信念被深深烙印在个体的潜意识层面。我在与来访者的对话中也证实了这一点，他们中的很多人无意识地携带了这种（几乎）无法更改的信念，他们将理智的思考和全新的经验完全藏在隐秘地带。如果一个人从内心深处坚信"我很糟糕"，那么这个信念就会渗透到他的整个自我中。他所有的经验都会蒙上这个信念的颜色——就像洗衣机里面的一件黑色衬衫会将几乎所有的白色衣物染成灰色。

因此，想要改变信念，重要的是从信念的洗衣机中找到那件黑衬衫，也就是核心信念。核心信念很多时候其实就表现为一句话，这句话就是个体所有自我贬低的内核，是所有行为的原动力。内在信念源自我们的童年，根据我的经验，它在潜意识层面被浓缩成一句话。我们的潜意识处理的是关键词和简单图片，因此它的工作速度很快，并且无法处理复杂的信息，而我们的意识（大脑）则负责处理复杂的信息，因此我们的理性工作速度虽然更慢，但要精确得多。正因为潜意识比意识的工作速度快，我们的行为在很大程度上都受潜意识的控制，不经意间我们就做出了超乎理智的事。

请试着深入你的内心，把这个核心信念从你的潜意识深处带回到你的意识中。要做到这一点，最好的方法是将你内心的注意力集中到你的身体中段，即胸腹部，并感受你在内心深处是如何看待自己的。通过这样的方式让答案自己产生，而不要让头脑告诉你答案。因为潜意识层面的工作模式非常快而且有效率，所以潜意识会迅速给你答案。我们得到的第一个答案通常是正确答案。这个过程并不复杂。正常来说，这就是一句话，比如"我很糟糕""我没有价值""我很蠢""我对自己感到羞耻""我很差劲"等。其中所蕴含的信息是："其他人更好！"你的内在信念错误地让你认为，你不如其他人，你处于劣势。最后，所有问题都蜂拥而至，这就是后果，几乎无法挽救的后果。

　　核心信念是错误的，它就是那件黑色衬衫。你可以理解为它是你内在程序里出现的一个错误，现在你的理智有义务告诉你，程序出错了，这不是真的。至今为止，你都认为这个内在核心信念是真实的——只是因为它埋藏得足够深。现在你必须明白，这只是你的内在程序里出现了一个错误，它让你对自己和世界的看法都变得黯淡无光。你自童年时就有的核心信念是一个教育的错误，是你心灵中一个毫无意义的溃疡，现在的你需要做的是把它切除干净。

　　因为这个信念，你可能在之前的人生里已经做了或者忽略了一些事，而这些事又让你再次确认了这个信念。你相信这个信念，导致它可能让你在不同的情形下遭遇失败，甚至让你的生活陷入死循环，所以认识它对你而言有着非同凡响的意义。其实，只要你能意识到你的核心信念是内在程序上的错误就已足够，因为这样一来，这个错误就会被隔离、停止，并且变得没有危害。要实现这一点，你必须认清它怎么产生的——你从什么地方获取了这个信念？谁让你产生了这种错误的想法？结合你的人生故事和童年经历试着去理解这个错误程序来自哪里。这很重要，因为你的理智也就是你的内在成人，需要弄清楚这些原因才能摆脱这个信念。你的内在成人必须明白，并不是他自己产生的这个信念，他之所以相信它，是因为它存在的时间太久了，久到内在成人从有意识之初就以为这个信念像鼻子一样本就属于自己。这导致他产生错误的观点，即这个信念就像人的鼻子一样有着存在的权利。这就是痛苦的根源：大多数极度不自信的人从童年时期就已经习得了对自己的错误信念，也就是说，他们已经完全不再记得自己是如何获得这种信念的，早已无意识地把它当作身体的一部分，当成了事实。此外，要知道，这种信念不仅仅是一种观点或一种思维方式，它是一种深入到个体骨子里的生活态度，令人深陷其中，无法自拔。

我不恨父母，只恨自己

有些人的深层次自我形象特别难改变，因为这会让他们与父母的关系变得紧张，即便他们的父母早已离世。在前文我已经提到，与父母的依恋关系会阻碍一个人的自我改变。一旦觉察到自己那个依赖父母产生的自我形象需要改变，内在小孩马上就会产生对失去家庭的恐惧。这意味着他必须压抑对父母的不满，但为了保护自己与父母的关系，他宁愿将怒火发泄到自己身上。孩子对父母的忠诚是爱的保护伞，他们想要在童年时期生存下来，就不能牺牲这把伞。他们必须将自己的父母完美化，至少是部分完美化。这种对父母的忠诚和保护经常会延续到成年阶段。

我的一个来访者非常厌恶自己，她似乎无法改变这点。当我问她"自我憎恶的意义是什么"时，她下意识地说道："我在保护我的家庭！"她感受到一种自我毁灭的愤怒，这让她感到害怕。她想将这个愤怒发泄到自己的父母身上，可一旦她把愤怒发泄在父母身上，她就会破坏这段关系。这样一来，她可以依靠的还有谁呢？因为自我价值感低，她还同时承受着对依恋的强烈恐惧，因此她没有找到一个可以满足自己依恋需求的爱人。包括这个来访者在内的很多不自信的人，与父母的关系都陷入了一种死循环：因为害怕从情感上与自己的父母分离，所以他们接受了负面的自我形象，因为只有这样做才能够保护他们与父母的关系。

如果你的自我贬低根深蒂固，那么你需要问问自己：自我贬低在多大程度上维护了你的人际关系？这个关系不仅仅指你与父母的关系，还包括你与任何一个不那么爱你的伴侣的关系。你可能找不到什么理性原因，反而发现是情感原因让你自我贬低。因此，试着分析下自我贬低这个行为给你带来的好处。试着去识别出来，并找寻能获取同样好处的建设性方法。因此，当我的这位来访者意识到与父母的关系阻碍了她的改变时，她第一次接受并处理了自己对父母的愤怒。通过接受并处理愤怒，她的愤怒随着时间的推移而平息了，因为她的愤怒终于被"听到"了，可以说，她感到被理解了。如果情绪被压抑，我们就没办法处理它。在处理愤怒的过程中，我的这名来访者也看到了父母悲剧般的人生经历，因此她最终甚至能选择原谅父母。通过这种方式，她不仅仅从根本上改变了她与父母之间的关系，也改变了她与自己的关系。

是的，但是……

我的一名患者说了一句"是的，但是……"或许很多自我价值感低的人在阅读完前面的内容之后也会说出相同的话，他们的痛点在于："的确是我的童年，更确切地说是我的父母造成了我现在自我评价低，但是当我环顾周遭，包括我的能力和我的外表时，我无法忽略一个事实——即便没有父母的影响，我本身也不够好！斯塔尔女士，你说得很对。你做过研究，你写过书，你说的话很有吸引力！但是你看看我！你也许就会发现，我说的或许没有错！我为什么会变成这样？请你向我解释，我应该如何说服我自己，我很好吗？我不好！不仅我的内在小孩这么认为，我的内在成人也有相同的观点，几乎所有认识我的人都这么认为！你对我的要求是让我逃避现实，美化自己，美化那个完全不好的自己！"这些话来自安雅，一名 30 岁的女性。站在她的角度，我完全能理解她：她从学校里辍学，没有接受过职业教育。她的婚姻是失败的，她的两个孩子从福利院出来后就被寄养在别人家。

我不打算详细地讨论安雅的童年经历。总之，她的童年十分悲惨。小时候，她努力地满足父母的期望。到了青春期时，她变得十分叛逆，从学校辍学，无所事事，最终逃离原生家庭。由于不想继续学习，她早早恋爱，拥有了自己的第一个伴侣，单纯地把对方视为救命稻草。很快，她成为一名年轻的母亲，却被做母亲的责任压得透不过气。她的婚姻并没有持续很久，后来男人离她而去，把两个孩子都丢给了她，从此断了联系。30 岁时，安雅觉得，她的人生已经无可救药。她靠救济金生活，每个月只能探望她的孩子一次。在她的眼里，不管作为女人还是作为母亲，她都是失败的。

安雅的故事很好地说明了，童年时期形成的自卑如何导致个体做出错误的人生决策，并在一步步走错中强化自己的自卑感。一个人的自卑感会产生一连串的连锁反应，最终使他陷入绝望。

责任感和受害者身份的细微差别

安雅该如何走出这个恶性循环呢？她怎样才能给自己的生活带来积极的转折呢？对她的未来发展至关重要的是，她如何反思和评估她的人生故事。

粗略地说，你可以从两个角度来看待你的人生故事：你可以把自己视为环境的受害者，也可以为自己的行为负责。自我负责听起来不错，也是正确的，但它也可能导致自责过度，这就不是好事了。

如果安雅把自己视为环境的受害者，她就会把责任归在其他人身上，而不是她自己。简单而言，她的观点会是："我的父母完全是失败的。我学校里的老师什么都不管，我的丈夫是个人渣……另外，那个福利院的女人一直针对我，毫无理由地把我的孩子从我身边带走了。"而换个角度，她只会看到自己身上的错误，她也许会说："我所有的事情都做错了。我的父母无法忍受我，在老师眼里我又笨又懒，最后我的丈夫也无法忍受我。作为母亲，我也是彻头彻尾的失败者。"

这两种思维都是夸张、片面、错误的。如果人们仅仅把自己当成一个受害者，那就几乎没有办法改变自己的境遇，因为从个体自己的观点而言，他认为自己没有做错任何事。如果他自己都不承认他应该承担生活的哪些责任，他就不会有任何改变。我经常在很多人身上察觉到这种受害者心态，他们和安雅一样，在生活中承受了许多的不幸。他们的自尊心通常非常脆弱，以至于他们没有办法承认自己的责任和过错。为了避免自尊心彻底崩塌，他们会把责任推到其他人身上。否则，他们很可能无意识地走向精神崩溃的边缘，因为他们无力承受如此多的过错和失败。我经常在喜欢批判自己和他人的这类人身上发现强烈的自责倾向。他们通常是聪慧的，也善于思考。然而，他们对自己总是不留情面。过度的自我贬低会让他们崩溃：自己的缺点看起来那么多、那么严重，让自己毫无招架能力。因此，他们深陷自我贬低中无法自拔。不管是不切实际的受害者思维还是过度的自责倾向都会导致自我否定。当然也有一部分人既认为自己是受害者，又习惯自责。无论是哪一种情况，重要的是学会客观评估自己和外界分别该承担的责任。只有这样，你才能正确地握住改变的方向盘。

摆在安雅面前的是一些必要的任务：

第一，对自我责任进行客观的评估；

第二，认识到早期童年经历中相关的人对自己造成的影响；

第三，尝试着理解自己的内在小孩；

第四，改变自我形象；

第五，建设性地做出新的决定。

当然，这条路辛苦且漫长。对有些人而言，这条路过分漫长，所以他们根本不会选择踏足，而是选择用某种方式"说服"自己接受这种生活。在这一点上，米切尔·恩德的小说《说不完的故事》中的清道夫可以给我们一些启发。清道夫的工作是无休止地清扫大街。毛毛问他，他从哪里获取了做这个工作的力量，清道夫说："很简单，我就是一步步地往前走。"

安雅的选择是走上这条路。在我们的对话中，她越来越清楚地意识到她在童年时从父母那里继承了哪些错误的信念，以及由此形成了怎样扭曲的自我形象。她意识到了深藏在自己潜意识里的核心信念："我一文不值！"并且她还认识到了这个信念是如何让她在做重要决定时失去力量的。她明白了，她是因为害怕失败，才从学校辍学，什么知识都还没有学到。她反思了自己内心深处对父亲的引导存有强烈渴望，并意识到这就是为什么自己选择了一个强势的男人，最终却受到他的管制和压迫。她也意识到自己受到了多么强烈的压迫。至于她的孩子，她心疼地认识到，她无意识地将她缺失的爱也转嫁到了他们身上。正是因为她曾经被忽略，所以她对孩子的态度也是漠不关心的。不知不觉中，她对待孩子的方式就像她母亲对待她的一样。

　　安雅在接受这些认知的时候眼里充满了泪水，心中满是伤痕。然而，她仍然为这些新的认知腾出了空间。随着时间的推移，安雅开始理解自己。她就这样认识了那个不安的、自卑的内在小孩，因为对自己的过分要求，她做出了许多错误的决定。她同样发现了她身上健康、强大的部分，比如斗争精神、反省、对安全感和亲密关系的向往以及聪慧，她学着去珍视它们。她越理解，就越容易接受自己的内在小孩。当她意识到自己因为害怕而错过了很多后，便决定从现在开始行动起来。她重新捡起自己的中学学业，并参加了老年看护的职业培训。她尝试着与福利院建立联系并且和那里的工作人员进行了谈话。鉴于她的改变，她也如愿获得了更多看望孩子的机会。安雅为自己早期的疏忽和不负责任向她的孩子们道歉。孩子们重新与自己的母亲建立了信任关系，安雅与自己的内在小孩也建立了全新的友好的关系。此外，对于寄养她孩子的家庭，她也能够接受并予以尊重。之所以能做到这点，是因为她不再把寄养家庭当作自己的竞争对手，而是当作自己孩子亲密的监护人。

我很好

我想推荐的另一个修复内在错误程序的方法是安装一个反向程序。这可以通过两种方式实现。

第一种方式，正如我在本书开头所提及的那样，很多自我价值感受损的人也会在一些领域中感到自信，并且颇有建树。例如马勒女士，她感觉自己就像个灰色的老鼠，但是在工作上她不仅自信满满，而且能力超群。如果你在某个领域感到自信和自我满足，那么我推荐你沉浸在这种感觉中，并从内心找到一句话来概括这个状态。将你所有的注意力集中在一个让你感觉状态很好并且安全的场景，感受从你的胸腹部涌出的一句话，这句话要能精准地概括你当下的感受。重要的是，你不仅要去思考这句话，比如"我很好！"同时，还要用身体去感知它，有意识地感知你的身体和呼吸如何感受这种良好状态的。

如果你再次陷入"我不好"的状态，请你有意识地通过意志力切换到"我很好"的模式。在前文，我描述了我们大脑中的奖励系统和惩罚系统。这里的逻辑也一样。你可以有意识地学习主动地从惩罚系统转换至奖励系统。

第二种方式是，如果你很难发现自己的优点，那么你可以用一句人生格言或自我肯定句来对抗你的内在错误程序（选择第一种方式的人也可以采取这个办法，会有事半功倍的作用）。先说人生格言，这条格言应该是你的精神支柱，你可以坚持践行它，并且它能有效对抗你的恐惧。通过更高意义上的导向，我们能够应对恐惧，而人生格言正是将这种更高层面的意义浓缩成的一句话。你可以内化这句话，把它作为精神向导，而不再被自我贬低的信条误导。

你可以在书中或者网络上通过搜索关键词的办法找到大量的人生格言。也许你的外婆或其他亲戚已经告诉了你一条合适的名言。当然你也可以自己去寻找一条。

这里给你列举一些例子：

◇ 努力不一定有回报，但不努力一定不会有回报。——贝尔托·布莱希特

◇ 人生的意义不在于拿到一张好牌，而是怎样把烂牌打得精彩。（来源不详）

◇ 重要的不是你来自哪里，而是你要去往何方。（来源不详）

◇ 伟大的人不是成为这样或那样的人，而是成为他自己。——索伦·克尔凯郭尔

◇ 让别人对自己感兴趣最好的办法是，先对别人感兴趣。——艾米尔·欧斯

另外，自我肯定句也可以治愈你。自我肯定句能够通过不断地重复来影响我们的思维，进而影响我们的感觉和行为。自我肯定句是对我们潜意识的明确指令。从负面的角度来看，你会通过如"我很差"这样的信念无意识地进行消极的"自我肯定"。现在请你用同样的方式积极地使用自我肯定句。

我认识很多通过自我肯定句成功地提升了自我价值感的人。自我肯定句不要太普通，而且遵循特定的规则更能发挥作用。现在我想要手把手地教你这个方法。

首先，找出一个你想处理的主题。比如说，你想变得自信。"我是自信的！"这个句子过于普通。这种表达只会让你产生更为强烈的自我怀疑。你会马上唤醒内心的矛盾，比如"谁会相信呢？""这简直是胡扯""你只不过是自欺欺人！"

因此你要选择另外一种表达，这种表达要更加具体，并且容易接受。比如"我，乔治娜，每天都有认可自己的权利！"或者"我，汉斯，尊重我自己。"。重要的是，这些语句一定是肯定的，并且发生在现在，同时包含"我"。不要使用否定句，比如"没有

人可以不尊重我！"这句话起不到任何作用，因为我们的潜意识不会理解否定句。例如，我要求你不要去想天上的乌云，那么会发生什么呢？毫无疑问，你在想那朵乌云。

如果你找到了这条肯定句，请在内心感受它是否适合你。请选择那些让你感觉舒服的语句，如果它唤起了你内心的矛盾，那么这个句子就不适合你。

请至少将这条肯定句写15遍。如果家里条件允许，请用你喜欢的颜色将这句话写在一张纸上，并且把它挂在屋子里你容易看到的位置。尽可能多地去说、想并且告诉自己这句话。重要的是，要带着感情去做，尝试着在内心里感受你想到达的那种状态。

还有一个好用的办法是，你可以一遍遍地想象某个朋友对你说出这句话，这招很好用。比如说，你可以想象一位朋友，他在跟其他人对话时说出这个肯定句："是的，乔治娜有权利认可自己！"重要的是，这里要出现你的名字。

用你的自我肯定句去对抗你的消极信念，也十分见效。例如，如果你内心坚信"我什么都不是"，那么，请用一句积极的自我肯定句直击你内心的不自信。例如，你可以设置一条相反的肯定句："我是有价值的！"这可能会引起你内心巨大的矛盾和抗拒，因此，这时候你可以尝试找到一个内心可以接受的反抗句子，比如"对我的孩子而言，我的价值很大！"或者"我每天都能认识到自己更多的价值！"关于自我肯定句这个主题，网络上存在着大量的参考资料，你也可以从中找到对你有用的肯定句。

自我调节的魔法

在这里，我想总结一下改变的核心：它的意义在于识别出你的内在心理程序并与它保持一定的距离。只有理解内在心理程序，你才能改变它，方法就是安装新的决定路径。这个程序会自动停止，因为你不认可它了，也就没意识了。

一些人认为他们已经完全意识到了自己的程序，但是仍然无法对它做出改变。他们可能弄错了，如果他们真的完全意识到了自己的程序，就一定能做出一些改变。如果你认为自己已经完全清楚了，却没有改变什么，那就说明你对自己的判断还是错误的。

从理论上讲，不自信的人必须学会理解：不是他们本来就糟糕、丑陋、愚蠢或差劲，而是自我价值感低让他们相信这一点——这就是他们的内在心理程序。他们必须在自我价值感与理智之间保持距离。与内在小孩之间的对话也是这样。我们要有意识地去区分内在心理程序中的小孩、非理性部分以及成人、理性的部分。换种技术性的表达就是，我们需要掌控自己心理上的电路图，以便做出正确的操作或者改变错误的电路。

至于这部分内容，我想要通过自恋者的人格结构进行阐述。如果自恋者了解自身的内在心理程序，他就会知道自己很难容忍伴侣（或者其他人）的缺点。伴侣的缺点让他愤怒。如果自恋者知道自己是这样的人，他就可以通过理智与自己自动产生的程序保持距离。这个模式是：如果自恋者的伴侣让他感到神经紧张，因为他的伴侣展现出了他认为是缺点的行为，那么他现在就应该进行自我调节。例如，他可以说："你现在过分放大了你臆想出来的你太太的缺陷，因为现在掌控者是你的自恋程序。请再次思考，她有哪些优点，并且不要忘记，你自己也有很多缺点，你太太也会对你的缺点同样感到愤怒！"

通过修正认知，他能够拓展自己的眼界，而不是直接赞同自己的程序，只盯着妻子的缺点。通过这种方式，他改变了对于自己太太的看法：比起她的优点，她的缺点不值一提，他也会将她的缺点与他自己的缺点进行对比。这种方式阻止了他产生愤怒的负面情绪。他变得深思熟虑。此外，他也不会责备自己的太太，因为他知道，这只会给她带来不必要的伤害。最终他理解了，那些被他放大的缺点实际上可能很渺小。通过这种微小的认知修正和自我控制，他的愤怒消散了，他与太太之间可能发生的不愉快也得以避免。因为他知道自己有着自恋者的逻辑，他不再信任自己的认知，他通过自己的理智修正了这一点。这种方式不管是对于自恋者还是其他所有人来说都适用：我没有必要永远相信我所认为的事情！

相反，如果自恋者不了解自己的思维模式，他就会相信他对事物的认知。他会无意识地把他太太的缺点放到放大镜下，而她的优点则被他完全忽略，同样被他忽略的还有他自身的问题。这种观察模式会让他变得异常愤怒。他会将他太太所谓的缺点抨击成错误，还觉得自己十分有理。

这里的艺术在于，人们应该知道可以信任什么和不应该相信什么。

找到自我

很多不自信的人都很难定义自己是谁，他们不知道是什么组成了自己的个性。他们对于自我认知不安，这源于他们自身的童年经历。他们必须隐藏自己（至少隐藏一部分）来获取父母的喜爱，特别是当父母亲不了解孩子的性格和能力时，这种情况就会经常发生。例如，父母期待自己的孩子乖巧懂事，不要惹怒他们，孩子就会压抑他们的攻击性。长大以后，这个孩子能控制攻击性。

他有可能在喝酒之后才出现攻击性，并失去控制。当他醉酒后，他可能会殴打自己的太太，并且将自己所有的（对于自己母亲的）愤怒发泄在自己的太太身上。一旦他再次冷静下来，他就会觉得万分羞愧，并且向他的太太承诺，他不会再犯——直到再次发生。这种人没有将童年经历和他的攻击性融合在一起，因为做孩子的他当时不敢发怒，将自己的攻击性隐藏了起来。他没有学会用合适的方式去处理愤怒。关于"攻击性"这个主题，我将会在后面的章节中详细阐述。

如果父母将对自己的期待转嫁到孩子身上，不管这种期待明显还是不明显，而且孩子还发现只有部分期待符合他本身的需求、性格以及他的能力，孩子就会因为父母的付出而学会否定自己。他学会了忽略自身的需求和存在而生存。孩子的个性发展受到了阻碍，因此成年之后，他也无法精准地知道他自身的需求、个性、价值、优势和弱势是什么。

这个过程可以溯源至父母不同的行为方式，例如对孩子缺乏同理心。如果父母或其中一方缺乏同理心，孩子可能不仅学不会用合适的方式处理自己的攻击性，也很难处理悲伤、恐惧和快乐的感受。如果父母很难正确地认识自己的孩子，那么他们的话语和行为就常常不会顾及孩子的感受和需求。只有父母接受孩子，孩子才能学着接受自己。然而，如果父母在接纳孩子的优势、问题、感受或存在时出现问题，孩子就会也无法接受自己本来的样子。孩子会认为他的所感、所想和所需是错误的。他会认为自己的感受和愿望是没有意义的。他会认为自己本来的样子是不好的。因此，父母的同理心也被认为是教育能力的核心标准。

对于孩子而言，父母理解他们的感受、愿望、困惑和恐惧非常重要。理解并不一定意味着父母就应该在孩子出现所有感受和需求时给他们提供支持。孩子当然也要学会自我适应，但是最重要的是，孩子要学会自己理解自己。只有当他的父母对他的感受给予反馈时，他才会学会理解，例如，当孩子与自己的朋友发生争吵，阐述了自己悲伤的情绪时，父母应该帮助孩子认识到他在这场争吵中有没有犯错，同时也要帮助他找到解决问题的方法。通过这种方式，孩子们会学到很多知识，比如：

◇ 我感受到的情绪叫"悲伤"。

◇ 我可以感到悲伤。

◇ 我知道我为什么悲伤。

◇ 我知道我在这次争吵中也犯错了。

◇ 我可以解决这个问题。

如果孩子有机会去经历和感受，他就会通过这种方式获取稳定的认同感，学会处理自身的情绪和需求。如果父母的理解能力不够，孩子就无法培养自己的能力，他与自己的内在精神世界建立的联系就会是脆弱的。当他成年之后，他在感知事物时会觉得不安，他会怀疑自己是否应该如此感受，并且不知道他应该做什么。

如果父母的同理心不够，父母的标准通常就会成为孩子在成年之后的所谓信念，比如"把你的哥哥当成你的榜样""就算你继续做下去，你也获得不了什么成就""你看起来很可笑""你太胖了，太笨了""别人会怎么看你？""对于你的外表和天赋，你不要报太高的期望""你就是自大"。

很多不自信的人会将这些信念内化于心，就像在大脑里循环播放唱片一样，他们会将父母的这些话语变成他们自身的信念。另外，父母错误的价值观也会导致孩子产生错误的认知，例如，活在严苛的价值观或者父母评价体系中的孩子会认为，只有金钱和成功才有意义。孩子因此产生的严格、有失偏颇或道德上动摇的价值观以及标准也会阻碍他的个性发展。

如果你难以建立明确的自身形象，那么我推荐你去分析自己的教育和童年经历。不仅父母会对你产生重要的影响，老师以及其他孩子也会对你产生一定的影响。

给自己做一份测评

我建议你首先列出关于你个人的"组成表"，这样你就可以获取你基础的自身形象，从而更好地分析你的能力、优势和缺点。这应该包含以下几个部分。

我的感受

我的感受中包含哪些情绪？愤怒、喜悦、骄傲、悲伤、同情、恐惧、失望……我允许自己产生这些情绪吗？我该如何处理它们呢？

我的个性特征

一个人可以拥有很多个性特征，我只想提及主要的几个，来帮助你完成这部分：正直、乐于助人、缺乏、害羞、开放、胆小、聪慧、善良、懒惰、吝啬、幽默、适应能力强、叛逆、有攻击性、有野心、缺乏行动力……

我的价值

在你的生命中，哪些价值对你而言是重要的呢？这些价值可以是：博爱、自爱、教育、成就、正直、公平、友善、关怀、责任、文明、容忍、可靠、独立、知识、睿智、信任、忠诚、忠实、勇气，等等。

我的兴趣和爱好

请写下对你来说重要的并且有趣的事情。

我的优势和缺点

尝试着尽可能客观地去评价你的优势和缺点，包括你的个性特征以及你的能力。

我的信念

这里指的是你心中的负面信念。请思考你总是对自己说什么样的话。同时，你也要记下积极的信念来对抗负面的信念。

现在再次梳理你的笔记，并且问自己一个问题：哪些是我从父母那里得到的？在"我的感受"里，哪些是父母喜欢的，哪些是他们不喜欢的，他们又是如何对待这些感受的？同时请尽可能地思考，你自己认为哪些是正确且合适的？我知道，很多读者很难做出决定，但是光尝试就十分有益了，这可以帮助你更好地认识自我感受。

在个性特征方面，请问问自己，父母对你产生了什么样的影响？你有没有某些个性会特别受到夸奖和表扬？不管好与坏，有没有人重复向你提及某些特征呢？你从父母那里继承了哪些特征呢？

再请你将你和父母的价值进行比较。对于你的父母而言，哪些是重要的？他们关注的是什么？同时，请你思考，你的父母对你的兴趣和爱好产生了什么样的影响？

然后请思考，在受教育过程中，自己有哪些强项和弱势？哪些弱势是你的父母、其他孩子或老师经常提起的？你的强项又是从何而来？

最后请识别出你的父母（或者其他监护人）给你传递的信念。

思考这些的目的是对内心进行修复。这就像你继承了一间老房子。你环视这间房子并且思考，哪些东西是好的，可以留下，哪些应该被清理、修复或更改。从这个角度而言，这是对你的态度、情绪和价值的废旧货物清理，因为这些货物不是属于你的，也不是独立的，而是从你的父母那里继承而来的。在这里我想阐明的是，不是所有从你父母那里继承而来的都是糟糕的。重要的是，你要确定，父母对于你自身形象的影响是否让你快乐，是否得到了你的认同。如果是，那么请保留下来，如果不是，那么请你与它告别并且为其他替代物腾出空间。

我知道，这个练习并不容易。但它非常有益，所以请你至少想一想，你从你的童年中带来了什么？请尽可能地完成好这个练习，不要让自己变成完美主义者，也不要太过深思熟虑中。

作为男人或女人的自我形象

在这个章节中，我还想探讨一下与性别相关的自我形象。这一部分与普遍意义的"作为一个人"的自我形象有很大的不同。我很喜欢问我的来访者，他如何描述自己"作为一个人"的形象，紧接着我会问他，他又如何描述自己"作为一个男人"或者"作为一个女人"的形象。

写给男性读者：

我一直认为，这两种形象有着很大的区别。例如，一位38岁的男性来访者在描述自己"作为一个人"时写道："我是一个忠诚的、值得信任的朋友。我总是会考虑周围的人的想法，也喜欢思考哲学问题。我能够体谅他人，做出退让——我不是一个自大狂。我很聪明，我也很勤奋。虽然我喜欢思考，我的情绪总是受到压抑，但是我觉得我整体还不错。"

然后我问他对于自己作为男人的描述，他写道："我是个外表普通的人，我没有男子汉气质，不自信！"这就是为什么他来我这里接受治疗，他和太太的相处出现了很多问题，其中原因就在于他的男性自我形象。他建立了自己的女性个性特征，但是没有建立男性个性特征。这使他没有受到很多女性的欢迎，他并不性感。他与自己的"意中人"在一起时，表现出的行为是卑微的、不适应的。就算他和对方有不一样的想法，他也不会反驳，因为他害怕争吵，害怕女人会抛弃他。他不敢"触碰"这个领域。他无法认同自己的自我形象。

我同他一起建立男性的自信和行动力，并且帮助他认识到他也可以成为一个性感的人。他的问题来源于与父亲的糟糕关系。他的父亲在家里是一个暴君，不光会殴打自己的孩子，还会打自己的妻子。他深刻地认识到绝对不要成为他父亲那样的人。可惜的是，他否定了全部，在潜意识层面里压制了所有的男性特征。在那些母亲和孩子形成共同阵营对抗父亲的家庭中也会出现这样的情况。例如，母亲在儿子面前哭泣着控诉那个"可怕的父亲"。而孩子通过这种方式学习到"男人不好，他们会伤害女人"，这会给他们的男性形象带来巨大的影响。他们甚至会阉割自己，为的就是不成为那个"可恶的男人"。

相反，过分的男性形象也经常产生。他们非常有主见、有性意识并且外表看起来非常男性化。他们很难识别自己的感知，更不用说去讨论自己的感知。另外，他们也很难了解到自己对于依靠和亲密的需求。第一种类型不敢变得强硬，第二种类型则不敢变得柔软。第二类人也会到我这里来接受心理治疗，因为他们也饱受关系的恐惧：他们无法长期维持一段亲密的关系，他们无意识地产生了巨大的恐惧，害怕自己失去个人自主权。简单来说，我给这类来访者提供的方案就是从他们的柔软之处和他们的感受入手。

如果你是一位男士，请思考自己的男性形象，并且确定，你可能强烈抑制了哪一面——男性或者女性。请尽可能建立完整的自我形象，也就是作为男性，你可以具有行动力、性意识、目标感和勇气，也要充满理解力、温柔、具有同情心并且有依靠他人的需求。这两者完全可以融合在一个人身上。

写给女性读者：

首先思考一个问题，你认为自己是什么样的女性？一些女性会过分压抑内心中的女性形象，另一部分女性则会过分强调这一点。对于第一部分人而言，她们通常是不引人注目的，并且也没有做出什么成绩。她们认为自己作为女性没有什么吸引力，从意识层面里，她们就在排挤外貌和女性化这类话题。然而，另一部分女性则十分看重外貌，并且总是思考怎样才能受到男性的欢迎。外貌对于女性的自我形象而言似乎要比男性更重要。一直以来，在涉及男性或女性的自我形象这个主题时，男性总会通过能力定义自己，而女性则会通过容貌。我和我的朋友一直在讨论这个问题：人们什么时候觉得自己性感？女性往往会局限在外表层面，比如：当我有棕色的皮肤；当我对我的身材满意；当我穿上性感的衣服；等等。而男性则认为，自己的性感时刻是：当我进了一个头球；当我赚了很多钱；当我开了一辆炫酷的跑车；当我拿到了合同；等等。女性往往通过外貌来定义自己，这总是与男性的要求强烈相关。心理学研究证明，男性在选择伴侣时，女性的外貌成了他们的核心标准（而女性在择偶时的标准几乎包含一切：他要长得帅、有好的工作、能赚钱、性格友善、幽默、能帮助做家务，等等。）

　　如果你属于在女性形象上不太自信的女性，觉得自己不够有吸引力，那么请你阅读以下的段落。如果你总是将注意力集中在"吸引力"上，那么请你尝试着将自己的意识与男性的认可松绑。这样长久下去不是好事，因为我们不可能永远年轻貌美。另外，过分重视外貌也常常会导致我们缺乏真正的自信，喜欢与其他女性竞争。这是有害并且多余的。男性的认可不能成为女性自我价值感的核心标准。这没有必要。寻找除吸引力之外的其他方向与价值来帮助你变得自信。这本书对此十分有益。

　　除了外貌，对于女性的自我形象而言，适应能力和执行力也扮演着重要角色。和出于征服欲而压制女性的自我主张的男性一样，有些女性认为自己是"小女人"。她们过分迎合伴侣的期待并在这个过程中失去了自我。而另一部分人则很少迎合，因为她们有意识或者无意识地生活在恐惧中，她们害怕自己的伴侣会控制她们。前者没有太多的兴趣去执行，而后者则会因为小事争吵。找到一条健康的平衡之路，我在后面的章节中也会探讨，并给你一些启发。

我不好看

男性和女性一样，也会怀疑自己的外在吸引力，认为自己和其他男人相比缺乏竞争力。正如前文所提到的那样，女性的情况会比较严重，因为在我们的社会中一直存在这样的观点：比起男性而言，女性必须好看。这给女性带来了压力，特别当她们衰老或身材走样时。在男性身上，这个趋势也越来越明显。男性只需要"有趣"，女性才需要"美丽"的时代已经过去。男性也必须用完美皮囊来装扮自己。想要撕掉这层完美皮囊，以下这样的口号我认为是无用的："请接受你原本的样子（除非你对自己的外貌吸引力表示满意）。"如果一个人主观地对自己的外貌不满意，以及外貌已经对他造成严重的负担，那么我个人认为理性接受这条路很漫长，也很辛苦。我宁愿选择一条折中之路，也就是：尽可能从自己身上寻找优点，然后对自己感到满意！

人们很难确定美丽和自信之间的关系。我永远无法忘记，在多年以前，一位年轻的女性因为自己令人沮丧的外貌来到了我的诊所，毫不夸张地说，她在我这里哭嚎了一个小时，因为她觉得自己很丑陋。当时的我还很年轻，心理诊疗经验不足，面对这样剧烈的认知错误，我显得手足无措。对于其他人而言，尽管他们"从客观上"讲并不美丽，但他们完全能接受自己。所以，让人感到担心的并不是"客观的"外貌，更多的是他自己的评价标准。

很多人即使被截肢或切除了乳房也仍然过得很好，而有的人就会因此感到绝望。当然，人们很难接受这样的命运，我自己也很难忍受。但同时，也有相当多的人可以很好地安排自己的命运。他们成功地切断了自我价值感与外在缺陷之间的关系。他们中的很多人不但能接受自己的命运，而且生活得非常快乐。他们没有把自己的注意力集中在他们无法拥有的东西上，而是聚焦那些他们所拥有的东西上。他们在生命中常怀感恩，比如他们活着没有疼痛就好了。他们通过品质来评价自己，而不是通过自己的弱点。这说明，将我们拉入深渊的不是我们的处境，而是我们面对处境的内在态度。

因此，外貌与自我价值感之间没有必然的联系。正如上面所说的，非常美丽的人也可能有着较低的自我价值感，觉得自己不美丽；而那些并不美丽的人却可能对外貌这方面嗤之以鼻。然而，一些自我价值感低的人会将自己的自我价值感问题投射在外貌之上。这意味着他的思维已经受到了外貌的禁锢，外貌变成了他所有的价值标准。外貌的确提供了一个很好的投射区，因为所谓的弱点可以从外表上轻易发现。例如，一位不知疲倦的女性会因为自己尚可甚至不错的身材感到生气，她总是受到自信心不足的困扰，比起对身材的气愤，这个问题更令人深思。然而，她把身材看作她"无法到达的"可见的标准。结果就是，她一天的心情都取决于她体重秤上的数字。体重秤是精确的，卡路里也是量化的，而埋藏在她身材焦虑背后的缺失感和无价值性则是模糊的。这样来处理自己的低自我价值感会导致厌食症。借助于卡路里计算、饥饿疗法、呕吐或极端运动，女性在潜意识层面就在削弱自我价值。这个问题是可以被控制的，如果她们可以找到自己不自信的深层次原因，她们就会变得更成功，也更健康。

同时我也认为，如果一个人想提升自我价值感，他就不应该完全忽略外在吸引力。事实上，当觉得自己有吸引力时，人们也会觉得自己更好。我觉得，几乎所有人都有这样的经历：如果穿着一件漂亮的新衣服，他就会不自觉地感到更自信。而对于自我价值感受损的人而言，他则会陷入无法自拔的窘境：他们中的不少人认为关注自己的外表是没有意义的。他们忽略了自己。他们不关注自己，并且在排斥吸引力这个话题。但是，有些人只会选择相反的策略，他们极度在意外表，并把赌注都下到美丽上，正如上面所提及的关注身材的案例一样。

我建议，人们应该努力从自己的形象中脱身，但是要对自己感到满意。让自己变得美丽并不是最优解。我们不仅要接受自己的强项，也要能识别出自己的局限性，这至关重要。对于普通人而言，拿自己与安吉丽娜·朱莉和布拉德·皮特相比是不可取的。

我怎样做到最好

请再做一次尝试，或许你已经认可了自己的外貌。任何一个人都可以做出改变，让自己变得更美丽。如果你觉得自己更美丽了，你会发现，这会对你的自信产生积极的影响。

写给女性读者：

除了那些天生的美人坯子（当然也包括她们），我认为女性用淡妆装扮自己可能会更美丽。妆容不需要太夸张，如果你的皮肤不完美，那么可以上一点儿清透的底妆。如果你在化妆上不自信，你可以让你擅长化妆的朋友帮你，也可以去化妆品店，让店员给你提供帮助。很多化妆品店会提供免费的化妆咨询。合适的妆容会让你感觉更自信。不要害怕化了妆会让自己更显眼或者好像戴上了面具一样。这种担心是多余的，并且会阻碍你。成功的妆容只是让你更漂亮而已。

去一趟理发店，问问店员什么样的发型适合自己。接受他人的意见，不要害怕改变自己的形象。大多数理发师都有着不错的品味，他们知道什么样的发型适合你，因为这是他们的工作。

请尽可能地打理好自己，特别是你的发型和衣着。

　　至于衣着，你可以让一位懂时尚的朋友给你提供建议，或者让服装店店员帮助你。你可以去一些小的服装店，比起大型的连锁店或百货商店，这些小的服装店会给你提供更好的服务，而且这些店的价格也不会特别昂贵。如果你的经济条件允许，你也可以咨询时尚顾问。另外，还有一些时尚顾问书籍，它们不仅仅为苗条的女性服务，而且也会给丰满的女性提供建议。

　　如果你超重，那么请你改变自己的饮食习惯。不良的饮食习惯会让人发胖。制定一个可以实现的目标，借此你可以改变自己长期的饮食习惯，多做运动。如果你没有兴趣改变自己的饮食或者运动，那么你也可以通过衣着来让自己变得时髦和好看。很多时装店和百货公司也为丰满的人提供时装，就算一个人很胖，她也可以通过衣着和妆容让自己变得好看。请鼓起勇气，做出尝试。

写给男性读者：

　　与女性不同的是，男性的穿着和发型的选择性并不多。男性也很少用化妆来改变自己，所以在改变外貌方面，男性受到的局限性要比女性多。

　　对于男性而言，穿着显得格外重要。如果你在这方面不自信，可以和女性一样，向他人寻求一些帮助，比如朋友、店员等。

对于男性十分重要的是：打理自己！尤其是胡须、发型以及双手。

还有经常运动。好的身材可以让男人变得有吸引力。

我想要百分百被接受

我的一名来访者充满自我怀疑地对我说："我其实想要更多的朋友，但是我的问题在于，我想要被别人百分之百接纳！"这确实是自我价值感低的人会遭遇到的问题。他们在朋友身上或者在其他生活领域需要百分之百的安全感。小小的批评、讲话时的心不在焉、被遗忘的生日或电话回复、相反的观点、错误的评价等就足够让这些不自信的人觉得自己被朋友伤害或者被拒绝了。很多自我价值感受损的人在结交朋友时会觉得很辛苦，甚至觉得自己不可能交到朋友。有些人非常容易受到伤害，他们的朋友无法做出对于他们来说完全正确的事。他们的朋友就像在看不见的水塘边摸索。不自信的人很容易受到伤害，也非常容易失望，他们中很少有人能建立并维护真挚的友谊。

尝试着让自己意识到，你的朋友和你一样不完美。没有哪种关系是完美的。你总会遇见无意的伤害、误解，因为人总有心不在焉的时候。如果一个人希望自己的朋友对自己的需求有着百分之百的注意力，他就是把自己看得太重要了。

很多不自信的人都有一个基本的问题：一方面，他们因为不自信，把自己看得过分不重要，另一方面，他们出于相同的原因把自己看得过分重要。这就是不自信的矛盾之处。

不自信的人很难相信他人，因为他们不相信自己，他们始终担心失望和被伤害，重要的是，会让他们受到很大的伤痛！在爱情关系中，因为害怕最后被分手，所以他们根本不会亲近伴侣（关系恐惧）。如果他们在"我已经受够了""我没办法继续了""我已经努力了"这些方面有更多的自信心，那么他们在与其他人相处的过程中也会觉得更加放松，对所发生的事情也会更加大度。

如果你属于那种容易受到伤害的人，那么请你尝试着意识到这个问题，这样你才能及时地辨别出小的误解和真正的伤害。尝试着不要立刻从负面的角度去理解朋友的话语或行为，而是思考朋友是否有其他意图，例如，你可以提问："你刚刚这句话指的是什么？"请用开放的态度去倾听这个答案。你的童年给你留下了一道伤痕，这道伤痕很容易让你疼痛，而你的朋友或许没想说出伤害你的话，或者根本不是有意而为之。

使用你的想象力

在这一节里，我会给你提供一些练习，帮助你更好地与你的潜意识层面建立联系，从而积极地影响你的精神感知。我还会给你提供一些想象力练习，帮助你与你的内在力量连接。这些练习来自催眠疗法，简单来说，就是创伤治疗和神经语言编程。我简单解释一下，这个疗法的方向会处理内在的想象图片，这些想象图片基本决定了我们的思维和感觉。我们的精神过程受到想象力的巨大影响。正如希腊哲学家爱比克泰德所说的那样，让我们感觉不安的不是事实本身，而是我们对事实的想象。想象力与现实一样管用。例如，当你想象一些令人舒适的事，那么至少在片刻间，它会对你的感觉产生强大的影响，但我们如果去思考不舒服或悲伤的事情也是一样的。我们可以有目的性地去使用想象力，从而影响我们的内在状态。下面我给你提供的练习中，你可以选择适用你的进行练习。如果你能将这些练习融入你的日常生活，这将对你大有裨益。很多自我价值感低的人在生活中匆匆忙忙，很少把时间留给自己。如果你每天能花一些时间冥想，那么这将成为你改变路上的重要一步。

以下的练习可以帮助我们深度进入潜意识。这些练习可以触及更深的层次。这些内容很有可能带来疼痛的感受，请你尝试着满怀同情心地去对待这些感受，同时不要迷失其中。你始终要了解，这些感受只不过是你身体的一部分，你需要在以后的人生中顾及这些感受。如果你学习过放松的技巧，例如生物反馈训练或者雅各布森所推崇的渐进式肌肉放松，那么你可以在想象力练习之前做一组这类练习，会对你大有帮助。

你最好首先在头脑中信任这些想象中的画面。尽管只是通过思维进行处理，但这样会给你带来很大的帮助。请给自己留一些时间。当你反复做这些练习的时候，随着时间的推移，这些练习会变得越来越熟练，发挥的作用也越来越大。

有时候，我们必须将那些使自己负累的事情推到一边，为的是让自己看清楚或者接受新的事物。因此，我首先向你推荐疏离练习，你可以通过这些练习短期内把那些让你感到愤怒或者负累的想法放在一边，在你的大脑中腾出空间去做想象力练习。然后你就可以开展充电练习了。

◇ 疏离练习

通过疏离练习，你可以暂时把让你负累的想法、担忧和恐惧从你的大脑中排除出去。

沙袋

每个人都很享受这种感觉：借助一次短途或长途旅行从日常琐碎中逃离，担忧被暂时搁置在一定距离之外。这个高效的练习正是源自这种经验。

请你想象，你开着车行驶在路上，你的后备厢里有一个沙袋，它给你造成了负担，你很想摆脱它。现在请你想象，沙袋有一个洞，你在行驶的过程中，沙子正从这个洞漏出，撒在路上。

保险柜练习

我们也可以将自己的负担锁在保险柜中。在大多数情况下，这些负担指的是不愉快的回忆或担忧。你可以将这些回忆或担忧看作一场电影，将这场电影刻进一张 DVD，并把这张 DVD 放在桌上。请你花一些时间想象出一个保险柜或一个上锁的盒子，并把它放在可以看见的地方。这个地方是你可以够得着的。请你继续想象这个保险箱的样子，并且确定保险箱足够牢固。保险箱是什么颜色的？尺寸是多少？是由什么金属做的？请继续想象，并且认识到只有你可以打开或关上这个箱子。请你打开这个保险箱，并查看里面的情况。这个保险箱足够大吗？或者你想要一个更大的吗？如果它的大小合适，请你将你的 DVD 放在里面。请你用手小心地关上保险箱的门。再次观察保险箱，并且确定保险箱足够安全和牢固。你要明白，这些东西只是暂时被搁置了起来，如果你需要它们的话，你还可以把它们取出来。

◇ 充电练习

内在的力量源泉

通过这个练习，你可以找到一处"内心的地方"，在这里，你可以为自己的能量和力量"充电"。请闭上眼睛，并且向内感知自己。请把注意力集中在自己的呼吸上，不要尝试着改变呼吸。然后想象一处让你感觉舒适的地方。这个地方可以是一个真实的你熟悉的地方，也可以是你想象出来的或看过的电影中的场景。只要这个地方可以给你带来力量并且安静即可。大多数人会把这个地方想象成自由的大自然，你也可以把它想象成一个让你感觉安全的房间。重要的是，这个地方远离你认识的那些人，因为与那些人或者某个人的关系会改变你，这个练习不光能让你从那些人际关系中获取能量，还能从你自身获取能量。

如果你通过自己的想象找到了这个地方，那么请你把自己放在那里，并且用所有的感官感受：用眼睛查看四周，用耳朵倾听周围的声音，闻一闻这个环境的味道，用想象力体会你的脚、手和身体都有什么触感。然后请你感知，这个地方是如何对你的内心产生影响的？它在你的内心产生了哪些力量、宁静和深度的喜悦？如果你进入了一种由这个地方唤醒的美好的内在状态，那么请你将一个所谓的"锚"扎进你的耳垂里。这就好像你做了一个外部的记号，来帮助你能在其他场景里想起这里。你可以将这个练习融入你的日常生活中。通过不断地重复练习，这个掐耳垂的动作就会让你的身体联想到这种美好的内在状态，并唤醒你内在的力量源泉。

如果你进入了一个真实的场景，并且需要这种内在状态，你可以掐自己的耳垂，短暂地将这个地方和你个人的力量源泉视觉化，从而唤醒应对当前情形的良好状态。

内在的安全地点

在做这个练习之前，请你认识到，为了帮助你建立内在的安全地点，你可以利用的是所有可以想象的方式。想象力没有边界。想象力及你恐惧的内容也只是想象而已，虽然它会造成负面影响，但它也可以产生很大的积极作用。同时，你也要意识到，所有的想象力都是你的助手。你可以想象物体的零件悬浮在空中，你也可以通过想象力改变物体的颜色——只要你想，它就可以发生。

和唤醒内在力量源泉的练习一样，你要注意，你从一开始就要保护内在的安全地点免受所有的思维威胁。你可以想象出玻璃球或者能量墙来保护这个地点的绝对安全。请你布置这个地方，让它变得舒适，成为你的依靠。这个地方有着什么样的颜色？这里有吃的或喝的东西吗？当你待在这里的时候，温度如何？你的皮肤有什么感觉？这里有什么味道？用你的想象力让这里变得舒适。请你环视四周，然后找到一个垃圾桶，把所有妨碍你的东西都扔到里面去。持续扩建这个地方，然后感受你在这里是多么舒适。这是一个专为你打造的修养地。感受你的身体，观察身体的哪个地方最能明显地感知到最佳状态。请你将自己的注意力集中在身体的最佳状态上，关注身体的哪部分最能感受到内在的安全地点。请你在内在的安全地点里安静地停留片刻，并用你所有的注意力再次回到现在。

以后，当你在生活场景中需要更多的安全感时，你就可以立刻回到你内心的安全地点，并再次唤醒这种感知。这会帮助你找到脚下的支撑。你可以在晚上睡觉之前再次平静地尝试这个练习。在安全地点睡觉也会给你带来力量。

内在的防弹装置

这个练习对于感受内在安全和保护也十分有益。

请你想象你坐在金字塔里。金字塔内部非常温暖、安全和豪华，外部则布满了镜子。如果一个人想从外部攻入金字塔内，他首先攻击的并不是金字塔内部，他的攻击会反射到他自己身上。

当然，你也可以设想其他形式的"保护大衣"，它可以保护你免受外在世界的伤害。这就好像在很寒冷时，你套上了一件大衣。你可以在每次离开家的时候都披上属于你个人的"保护大衣"，它能让你感觉到安全。有些人也会想象出一个装有防弹装置的玻璃盒子，外部发生的所有事情都被挡在了盒子之外。想象力不会给保护衣设置任何边界。

能力时刻

这个练习指的是唤醒记忆中的某个真实场景，这个场景会让你感觉有能力和强大。通过这种方式，你可以将这种所需的自信转移到真实的场景中。

请闭上眼睛，将自己的注意力集中在手臂上，然后思考生活中的某个时刻，在那个时刻，你是"出色的"，也就是去唤醒那个你取得最佳成绩的真实场景，你对那时的自己感到非常骄傲。不管那是在职场上、学校里，还是业余时间里取得的成就，体育项目上的也可以。这个练习的目的在于唤醒那个让你真正对自己感觉满意和骄傲的人生场景。请你使用所有的感官去想象这个内在场景：视觉、听觉、嗅觉和触觉。感受你那个时刻的成功，以及你所有的骄傲和喜悦。找到一个和这个场景相适配的身体动作，这个动作就是你外在的"锚"。和其他的练习一样，你可以将这个练习融入你的日常生活中。如果你在现实的场景中也需要这种内在的自信状态，你就可以做出对应的动作来暂时唤醒你的"能力时刻"。

光束练习

这个练习经常被使用在疼痛理疗中，它也可以帮助你对抗疲劳，并获得新的能量。请思考，你现在觉得什么颜色是让人感觉特别舒适的？请你给自己一些时间，信任你内在感觉里的想象力。想象那个被你选择出来的颜色变成了一个光源，它正在照射着你。现在，让这束光穿过你的发丝照射到你的皮肤，拂过你的头、肩膀和手臂，直到双手，再到脚尖。也许你身体的某个部位特别喜欢这束治愈的光，请你尝试着将这束光照进你的身体里，到达那个你感觉更舒服的地方。越经常地做这组练习，你就越容易找到这个地方。

拥抱你的内在小孩

这个练习是深层次的自我接纳。请闭上眼睛，将自己的注意力集中在呼吸上，不要尝试着改变它，然后把你想象成一个小孩，也可以把自己想象成小婴儿。请你把孩子抱在怀里。如果你觉得自己做不到，就牵起这个孩子的手，向他保证，你很开心看到他来到这个世界。告诉他，你会尽你所能去保护他。向他解释，为什么生活是美好的，告诉他，世界上有很多奇妙的事情等待着他去发现。

找到内心的助手

当你感觉孤独和无助时，这个练习很有帮助。做这个练习是为了让你与你的内在智慧建立联系。虽然有些读者会觉得这听起来有些神秘，但比起我们正常状态下的意识层面，我们的潜意识面其实对于自身知道得更多，确实如此。我们的潜意识面拥有大量的数据，在正常情况下，我们的意识面只能使用其中的少部分信息，因为有意识的思考就已经在超负荷运行了。你可以通过这个练习与你内在深层次的认知之间建立联系。

请闭上双眼，并将你的注意力集中在呼吸上。在你的头脑中创造出一片内在的自由空间，将你在日常生活中所遇到的烦恼和想法先放在一边（或者锁进你的保险柜）。除此之外，告诉你的烦恼，你现在没空，之后会来处理它。

当你完成了这些事情后，你就已经踏上了一条内在的道路，而这条道路完全在你的潜意识面之外。你在这条路上走着，直到发现一片无比美丽的湖泊。你沉入了这片湖泊。你可以像鱼一样用鳃呼吸，你是自由的、安全的。这片湖泊就是你的潜意识面。你的内心助手就在这片湖泊的湖底等待着你。他可以是一个真实的人物，也可以是一个想象出来的人物。重要的是，他不是由你在脑中搜寻出来的，而是从你的潜意识层面跑出来的。请友好地和他打招呼并与他聊天，问问他，他想在哪方面帮助你，他想对你说什么，在遇到特定的问题时，他想给你什么样的建议。请你相信，当你需要这个助手时，他一直都在。当你和他完成了足够的交流，请你与他告别并向他保证，你还会再来找他，这时就可以浮出水面了。

海里的软木塞

这个练习可以帮助你建立信任、放手一搏。这个练习非常简单：请你想象，你是一个软木塞，漂浮在海上。如果大海对你来说太过神秘，那么请你想象一片湖泊或一片池塘。

试着去感恩

不自信者的自我认知是混乱甚至缺失的，这会导致他以为自己的缺点或不幸会对自己不利，并沉溺其中，甚至还会自怨自艾。他很容易陷入晦暗的情绪，他仔细研究着自己的不幸和无能。当他陷入这种状态时，就经常会开始抱怨。当他总是觉得自己不被理解时，他的朋友和伴侣会觉得抱歉，会尝试着去安慰他、帮助他、鼓励他，因为他们看见了他的优点和强项，而只有不自信者自己对此视而不见。他对于自身缺点的片面看法也会导致他不懂得感恩。

尝试着用一颗感恩的心去评价你的命运、个人及能力。请你将自己生命中所有值得感恩的东西写下来——最好以书写的方式。请你写下所有你觉得值得感恩的人的特征及优势。如果你觉得感恩这个主题无从下手，就去询问你所信任的身边之人，关于你，他能想到什么。例如，他会说你已经高中毕业，并且参加了职业培训，可以找到一份稳定的工作；或者你有一个不错的男朋友，并且身体很健康；又或者你开车开得不错，有音乐天赋，做饭很好吃，等等。

你也可以从另外一个角度来观察"不幸"。例如，如果你觉得你不够聪明，那么请你思考，你需要在哪里变得更聪明，或者这只是你不够知足。根据心理学研究，生命中成功的保障并不是聪明，而是执着。或许你应该感恩这个事实，你不是一个做事蜻蜓点水的人，正是这种情况培养出了你的毅力。如果你既不聪明也不努力，那么你也可以从现在开始对未来的努力产生影响，这至少也是可以让你感恩的地方。如果你觉得你不够漂亮，那么请你思考你身上美好的东西，比如感谢你的身体没有给你带来伤痛。

如果你生病了，那么你也可以思考，生命中还存在哪些美好的东西。也许你有好朋友、好医生。另外，这个世界上有很多人为医疗费用烦恼，而你还有医疗保险。你也可以思考，除了生病的身体部位，你的其他身体部位仍然健康，不会给你带来烦恼或者疼痛。

如果你觉得你在一生中错过了很多机会，并且做出了很多错误的决定，那么请你满怀感恩地告诉自己，你能意识到这一点就已经非常了不起了，并且你仍然有改善未来的可能性。

我们能够感恩的大部分东西都是上天的礼物。一个口渴的人想要的并不是上等的美酒，而是一杯水。因此，请首先将你的注意力集中在那些理所当然的物品上——那就是幸福的源泉。

简而言之，请注意，你对自己的怀疑可能会导致某种程度的不懂得感恩。感恩意味着你要感谢自己所拥有的东西，这就是幸福的健康态度。

我可以拥有美好的人生

很多自我价值感低的人都有一个问题：他们很难允许自己过上幸福的人生。这种"生活负罪感"的矛盾感知就是他们对自己的评判，他们觉得自己"不够好"，这会让他们始终处在紧张、有压力和心神不宁的状态。另外，他们承受着某种强迫感，认为只有当他们完成所有的事情时，他们才有资格享受休息和愉悦。然而，对于他们而言，始终存在着要做的事情。他们是待办事项的奴隶。但是他们中的那些欠勤奋者，也就是已经顺从于生活的人，也很少会让自己有享受的片刻。其实原因在于，他们打心底里认为自己不配享受。

"配享受"这句话在不自信的人眼里就是巨大的快乐暂停键。他们享受敌对的态度也加剧了他们顺从的态度。自我价值感低给他们提供了足够多的自我愤怒的理由，而禁止自己享受乐趣则将这些人再度拉入深渊。结果就是，比起内心充满安全感的人，他们更容易心情变得差劲。除了用这一点作为惩罚，他们糟糕的情绪还会破坏他们的免疫系统，因此他们比内心满足的人更容易患病。

对于不自信的人而言，允许自己享受生活是个人发展的禁令。因此，所谓的放纵疗法在一些变态心理学和精神病学诊所中成了官方的治疗项目。

享受需要以有意识作为前提。在感知美好之前，你必须让意识先认识它。因此，在放纵疗法中，感官会被放大。来访者会接受有意识的味觉、嗅觉、视觉、触觉和听觉训练。感知会集中在他的感官所感受到的物品上。在实施的过程中，来访者可能会觉得这种做法有些愚蠢。

比如，马丁太太被要求明确地描述出巧克力在她嘴里的感受："嗯，巧克力是甜的、柔和的，它融化在了我的嘴里……""玫瑰很香，它的花瓣是柔软的，散发出红色的光芒……"另外一名来访者生动地形容着。在这个过程中，患者会有意识地充分感受所有美好。然后让来访者移步至一个舒服的地方休息，请他精确描述他的自我感知。比如，这道菜有什么特色？对于某种气味、某幅画、某个声音，我们该如何描述呢？请来访者尝试着扩大他对美好事物的感知。

我们所听到的、看见的、感受到的、触碰到的或者吃到的美好印象会和我们大脑中的积极联想连接起来，并让我们产生幸福的感觉。在我们日常生活里匆忙且粗略的观察中，我们经常无法捕捉它们。虽然自我分析对于个人的继续发展是绝对必要的，但是我们并不需要始终将自己的目光附着在内部。把注意力和感知放在外部也非常重要，这可以将美好带入我们身体内部，让我们开心。我们的情绪对事物产生的观点会产生巨大的影响。你一定有这样的经历：当你心情愉悦时，你会觉得你的问题不值一提，而当你抑郁时则相反。我们对于自身以及周围的人的观点也会因为我们的情绪而产生不同。因此，你应该给自己奖励一些美好，你应该把享受美好看成个人的义务。

享受需要时间。请开始有意识地、缓慢地组织你的生活。如果你觉得你身上的义务太多，无法给自己享受的时间，那么请你思考，你到现在围绕着自己做了很多努力，也就是你个人的表现和认可。享受会让人放松，而放松的人在交流的过程中会变得更加友好和大方。当你将享受融入你的日常生活后，你会发现生活无比美好。你可以通过精确感知身边美好事物的方式来训练自己。另外，你也可以主动去创造身边的美好。上书桌上放置一些鲜花，穿漂亮的衣服，带着快乐的心情为自己挑选一块香皂。其实有很多细小的方式可以帮助你将快乐带进你的日常生活。生活其实也可以很简单！

打开你的双眼，看看这个世界

不自信的人总是让自己忙碌，这其实很危险。他们总是用挑剔的眼睛观察自己，他们总是在看自己，而不是看世界。这样会错过很多美好。另外，如果一个人将自己的注意力集中在恐惧和缺陷上，那么这肯定会导致他把问题看得更严重。这就会产生一个恶性循环，因为过分在意自己的疼痛会让疼痛变得更加明显。就像身体疼痛一样：你越在意，疼得就更厉害。因此，在疼痛治疗过程中，医生会引导患者将自己的注意力从疼痛上转移开。

自我反思并不意味着你要始终担心自己。一切都由着自己的时间情。如果你倾向于过分沉思自己或自己的问题，那么请尝试着给自己设置时间限制。你可以允许自己每天花半个小时的时间自我反思，其他的时间则花费在你的工作、身边的人以及外部世界上。请尝试着将自己的注意力放在事情上以及你身边的人身上。

不自信的人总是有着"不同的显示屏幕"，一方面，他们在思考自己正在做的事情，另一方面，他们的大脑里还在处理其他的事情。在与其他人相处的过程中，不自信的人总是在处理自己给他人留下的印象。也就是说，他们同时在应对对方及自己。所以，他们会分一部分注意力给对方，因为一个人没有办法在思维上同时处理两件事情。

心理学家把对自己内心的聚焦叫作"自动监控"，这意味着，人们就像拿着一部摄像机在拍摄自己。如果有意识地开启全景拍摄模式，并将镜头转向周围环境，就会减轻自己的负担。也就是说，人们可以把注意力从自己身上挪开，转向环境，通过这种健康的方式转移自己对紧张和恐惧的注意力，并将自己的感知转向周边世界。感知丰富了我们的知识和经历。正如我在上一段中所描述的那样，有意识的感知自己会让一个人变得幸福。当我们将自己的目光转向外部后，我们就不会一直以自我为中心了。请尝试去感知，外部世界要比我们的内心沉思有趣得多。

在过去的十年中，"正念"不断进入心理疗法。在这里，我并不是从意识层面上提及这个概念，尽管我的描述有着类似的方向。在此我鼓励读者们，打开你们的双眼看向世界，扩大你们的感知。

第九章　交流

勇敢地坦诚，改变自己的生活

如果你想改善自己的自我价值感问题，那么减少遮遮掩掩、和自己站在一起就应该成为你的最高目标。你生活在自己的幻想中，以为掩盖可以为自己提供庇护，其实这只会给你带来更多的问题，而不是益处。如果你从童年起就认为，你必须自我调整，满足父母的期待，让自己变得更讨人喜欢、更让人接受；如果你属于冲动的反抗类型，或者你很少让别人"提出请求"，那么你会认为，反抗周围人的期待是第一要务。这两种情况都很难让你选择合适的方式来维护自己。如果你与其他人的交流态度是开放明确的，那么你就把握了对其他人的影响权利，这也会大大提升你的自信心。

请说出来

从以上详尽的描述中，我们也可以体会到，不自信的人最大的一个问题在于，他们不敢坦诚地说出自己的想法、愿望和感受。他们总是害怕得罪别人。在和来访者的交流中，我发现很多不自信的人其实很想说出点儿什么，但是他们没有说，而且总是会说在某些特定情况下可以说的"场面话"。否定自己、不选择改变、维护他人对于不自信的人来说是理所当然的，因为他们从来没有想过要说出来真正想说的话。我经常会一脸惊讶地问我的来访者："为什么你什么都不说？"结果却常常是，他们压根没有想过他们可以或者应该说些什么。害怕对方的优势地位的想法在这些人身上已经根深蒂固，以至于他们掐断了自我主张的脉搏。

而不自信的叛逆者则恰恰相反，他们会反抗，经常充满攻击性，但其实事情远没有他们想象的那么糟糕。他们会因为细微的评价而勃然大怒，而对于那些真正重要的、需要他们坦诚相见的事情，他们却不敢谈及。

人们怎样才能战胜这种恐惧呢？我的回答是：通过更高的意义。举一个例子，为了救一个溺水的小孩，一个人从桥上跳了下去。难道他不害怕从桥上跳下去吗？可能他害怕，但是更高的价值观战胜了他的恐惧，也就是要拯救那个孩子的生命。为了更高的价值，他愿意拿自己的生命冒险。

这与你的恐惧有什么关系吗？答案是：如果你一定要完全维护你的观点、愿望、恐惧、需求、愤怒及烦恼，那么你就没有给对方任何机会。你虽然维护了臆想中的自己，但是你阻断了更高的价值。比如：

公平。如果对方不知道你在想什么，他就没有机会做出正确的选择。比如，如果安娜生博尔德的气，但她没有告诉博尔德，那么博尔德就没有机会解释可能的误会、为自己的观点争取安娜的理解、改变他的行为、向安娜道歉，因为博尔德不知道自己的行为让安娜生气了，他还会不断地做出同这样的行为，安娜对于博尔德的愤怒就会加剧。最后，安娜会选择与博尔德冷战。比起在合适的时间里坦诚相待，这种做法会让这段关系产生更大的负担。博尔德没有得到任何机会。

坦诚。另一个比自我保护价值更高的则是坦诚。如果我在一件重要事情上没有向对方说出我的观点，那我便是不正直的。"我只考虑我的想法就好了"这个表达跟缺失正直的内核相契合。在很多关系层面，只考虑自己确实是合适的。比如，一位处于困难时期的管理者就可以这样做，或者从客观上来讲形势对他不利的时候。但是不正直这件事情在很多时候是卑鄙的。

例如，安娜觉得博尔德总是在说他的问题，很少关心她的想法，她却没有告诉他，而是将自己从与博尔德的关系里抽离。为什么她不坦诚地告诉他，自己希望博尔德可以更多地关心她呢？为什么安娜不提出自己的问题，而是让博尔德直接问她呢？博尔德有可能会觉得，如果安娜想说自己的事情，她就会这么去做。也有可能，博尔德会坦诚地对安娜说："你说的没错，最近我陷入了自己的问题，很少去关心你。我很抱歉，我会改！"那么安娜和博尔德之间的问题就会通过坦诚地对话得以解决，而安娜沉默的回避只会让他们渐行渐远。

勇气。皮特总是贬低自己的太太，这让罗伯特感到反感，因为他觉得皮特的太太很友好，皮特不应该这样贬低自己的太太。他没有对此做出任何表达，因为他觉得他不应该介入他们的婚姻。然而，这种不应该介入的论点只是罗伯特缺乏勇气的表现。事实上，罗伯特害怕皮特对他生气，因为他如果表达出自己的看法，就是为皮特的太太说话。在这个关系层面，我想强调的是，人们应该表态。当你在表达自己的观点或者赞成他人时，你不会因此破坏你的生活，也不会失去你的工作。勇气是一个被忽视价值的词，在其背后躲着的是逃避的恐惧。

友情。朋友值得战胜自己的恐惧，我们应该坦诚地与朋友相处。这也是维持友情的最佳方式。在长期友好相处的朋友之间，也会出现彼此生气的情形。什么都不说比坦诚更容易让这段友情承受压力。另外，好朋友之间也要表达批评。如果他不是你的好朋友，他又怎么会注意到你的缺点呢？当然，如果这个好朋友说话难听，这个过程可能会令人不快。但是如果不由好朋友来说，那么又应该由谁说出来呢？

一般情况下，当人们坦诚地谈论一件事时，不自信的人总是过度夸大自己的愤怒。如果他们有勇气变得坦诚，那么他们会惊讶地发现，坦诚会在身边的人身上产生积极的作用，并且他们的恐惧很大程度上都是虚无缥缈的。

不自信的人有着这样的经历：当他们坦诚地说出自己的看法后，他们会觉得更自信了。

提升自我价值感的基本做法就是赞同自己或他人。原因在于，你会越来越觉得自己可以对自己的人生及其他人产生影响。当你开始通过言论自我主张时，就是在克服自己的无助感。

当然，怎样去表达也非常重要。

不自信的人很少进行这类表达训练，因此他们很难找到合适的话语。我接下来会提供一些建议，帮助不自信的人去谈论问题和清楚地表达问题，同时不要对他人产生不必要的伤害。

你最好这样说

下面我会给你提供一些建议，以帮助你更好地谈及可能的冲突。但是，我只会将话题限制在一些基本的原则上，因为展开讨论这个话题可能还需要写一本书，我也不希望让你沉浸在过量的信息中。比起说出的话语，我认为更重要的是人们对于说话对象的内在态度。说话的目的应该在于协同一致，而不是争强好胜。有着健康的自我价值感的人会平等地看待对方：他们既不认为自己处于劣势，也不过分追求优势。

重要的是，你不光要为自己争取利益，还要顾及对方的需求和可能出现的弱势。就算你火冒三丈，也不要尝试塑造一个敌人的形象。那些在交流过程生硬、脾气差、不公平的"很难交流"的人其实也有着悲剧的人生故事。没有任何一个人从出现在这个世界上起就是可恶的，事实上很少有人会变得真正"可恶"。试着理解自己和对方。

我发现，不自信的人并不是缺乏语言表达能力，而是思维受到了阻碍。如果一个不自信的人内在处于非常放松的状态，那么他完全可以找到自己想表达的句子和论点。因此，你不必觉得自己需要特别能言善辩。你的表达是优雅还是磕磕绊绊的，这一点儿也不重要。你不需要用华丽的辞藻，只需要准确地表达出你想表达的内容，并用尽可能客观的言语即可。不要担心你的"表现"，将你的注意力集中在你的目标之上。你的目标是：我想阐述事实，想要听并且理解对方是如何表达的。

举个例子，英格的一位同事总是对她做出刻薄的评价，这让英格感到受伤。因为这些评价总是突然出现，所以英格每次都来不及反应，找不到合适的话去回答。当她的同事又一次讲出了刻薄的话时，英格回答道："请不要说出如此刻薄的话语。你让整个办公室的工作氛围都变得很差，这很没必要。"这是一个明确的表述。英格没有选择去反击，因为她不想让这段关系变得更糟，并且她也不想挑起"战争"。她只是说出了她想说的话。

于是她的同事回应道："哦，你不要这么敏感。我不是这个意思。"现在的结果可能是英格又不知道该如何回应了。这正是不自信的人最经常害怕的事：他们努力说了一些话，但当对方再次回应时，他们便又不知道要说些什么了。关键在于不要让自己对劣势的恐惧使你的思维受阻，而是要实话实说。我再重申一遍：你不需要变得特别能言善辩。忘掉这件事，因为努力变得能言善辩的过程只会阻碍你的思维。英格现在可以做出以下几种回答：

或许我有些敏感，但是如果你能够考虑得更周全，那么岂不是更好吗？这样我们就可以更好地理解你的话了；

我不认为我敏感，如果你不这样认为，就请你不要这样讲；

你看到了吗，这就是我的观点：我已经请求你不要进行人身攻击，现在你却觉得我敏感。请你不要再这么做了好吗？

以上三种回答既不是特别有趣，也不算能言善辩，但是这三种回答都表达出了英格想说的话。英格只是在陈述事实，而没有陷入恐惧。她努力使自己的注意力集中在对话内容，而不是她内心的颤抖上。她不必立刻去回答这个问题，这也会对她有所帮助。如果她暂时想不到任何回答，她也可以隔一小时、一天或一周之后再来到她同事的面前给出回答。她在大多数情况下都不需要赶时间。英格完全可以一周之后再告诉那个同事："你知道吗？最近关于敏感的话题一直在我脑子里盘旋。事实上你再次伤害到了我。请你以后不要这么做。如果我们彼此相互理解，我们的相处也会变得更加舒服。"很多自我价值感低的人都认为，如果他们没有直接回应，他们就失去了在这种情形下的自我主张。这是没有道理的。我们完全可以在未来再次提及这件事，并说出自己想说的。

我也提到过，人们应该尝试着去理解对方。正如上面所提到的那个例子，为什么英格的同事会做出类似的评价呢？英格认为，她的同事可能是因为没有办法忍受她。这只是英格的观点，因为她总是认为别人的做法是在拒绝她，而不是出于好感而为之。和很多自我价值感低的人一样，英格对此也有着类似的评价。事实上，英格在她身边的人中十分受欢迎，在办公室也很受欢迎，因此，她的同事可能对她有些妒忌；也有可能她的同事有很多自己的烦恼和沮丧，并把自己的烦恼施加在其他人身上；也有可能她的同事是一个非常粗糙的人，很少能体会到其他人的感受；也有可能英格确实做出了一些让同事感到不爽的事情，因为她的同事害怕冲突，所以不敢坦诚地说出这件事，而是选择用一种讥讽的评价。解读的可能性有很多。

当然，英格也可以自己去问一问同事说出这类刻薄评价的原因，并且尝试着用直接的方式去化解彼此的关系。英格也可以这样说："我发现你最近的言语总是针对我，这伤害了我。我想问问原因是什么。"她的同事有可能会这样回应："你说的没错，我有时候是比较情绪化。我总是有这种感觉，你没有意识到我替你干了多少工作……"通过这种方式，他们彼此交流，并且尝试着互相理解。

我再次总结一下：不要认为对方比你强，而是要把对方理解成和你一样，有着弱点和强项的人。不要追求"据理力争"，而是要追求达成共识及公平。请把你的注意力集中在你想说的事情上，而不是放在你的外在表达上，聚焦对话而不是内心紧张的情绪。倾听对方并接纳他的论点。从他的话语中找到一种可能性——也许你也错误地理解了一些事情。这并不糟糕。谈话的目标是解决问题。如果你坦诚地倾听了对方并确认你的评价是错误的，那么请向与你产生冲突的人承认这一点，如此一切都会往好的方向发展。

"我"的句式

想要尽可能和平去探讨某个话题，还是要使用"我"的句式。这是一条简单的基本原则，我们可以在所有的交际研讨会及书籍中找到这条原则。例如，用"现在我已经等了你很久"代替"你一定要每次都迟到吗"。"我"的句式可以起到调节的作用，因为人们通过这种方式不会直接将罪责归咎于或者激怒对方。

"你"的句式中隐藏着的大多数是一种罪责分担，会让对方产生反抗的情绪，对话也会很快演变成互相指责和争论。而在"我"

的句式中，对方则是开放的，可以感知自己的情绪或特定的行为。这样一来，我们就是在邀请对方理解自己，并且取得好感。例如，A 对 B 说："当我跟你说重要的事情时，你却在我旁边翻阅报纸，这种行为伤害了我。"比起"你总是不听我说话！"，前者可以让 B 有更好的反应，后者会让 B 产生被攻击的感受，他也会尝试着去狡辩，而 A 再次觉得要证明他的过错，所以会再次提到以前出现过相同情形。这样就产生了一次本不该发生的争吵。所以当你想陈述一件你关心的事情时，请尝试着从自己出发。

识别出你自己的问题

不自信的人际关系有一个特别棘手的问题，那就是他们因为自身的劣势感和不安，会将自己的弱势转嫁至对方身上。例如，我们可以回忆一下健身房里的苏珊娜，她觉得自己比约翰娜差，所以她生约翰娜的气。在谈及可能的冲突之前，请你尝试着去识别这与你有着什么样的关系，或者你是否可能对对方有着错误的认知。很多不自信的人倾向于接受对方单方面的负面话语及行为。所以，如果你特别容易错误地认识一些事物并深受其害，原因在于你容易受到伤害，并感觉自己处于劣势。特别是那些觉得别人处于优势或主导地位的人，他们经常没有办法合理地做出判断。

薇薇安和卡门是朋友。薇薇安很欣赏她这位美丽并自信的朋友，她觉得自己十分依赖与卡门的友谊，而卡门则不这样。因此，薇薇安有时会顺着卡门的话讲。就算她们的观点不一致，她也不敢真正地反驳卡门，薇薇安在心里已经播种下了反抗卡门的种子，却依然捧高卡门，而捧高让人容易摔倒。正如所有人一样，卡门也有着自己的优点和缺点。卡门有一个问题，就是她会在派对上喝得酩酊大醉。因为卡门就算在清醒的时候也是个相当放得开的人，所以在薇薇安的眼里，当卡门喝了很多酒后，就会做出不少出格的事情。这让薇薇安感到相当尴尬，但是她从来没有对卡门说过这一点。薇薇安不敢批评卡门。当卡门微醺时，就会开始失言了。最近，她让薇薇安陷入了极大的尴尬中，因为她对着一群人说薇薇安的性格有些害羞。微微安红着脸走开了。因此，她对卡门十分生气。薇薇安认为这种令人不快的事会一再发生。卡门在薇薇安心中的地位已经岌岌可危。

薇薇安没有选择与卡门交流，而是去和她的朋友安雅说了关于卡门的事。她向安雅讲述了那些令人尴尬的事，并且觉得她们两人之间总是卡门说了算。安雅很理解薇薇安并且站在她这一边。这样一来，薇薇安对于卡门的介怀之心就越来越重了。薇薇安越来越觉得自己应该逃脱卡门的"控制"。一方面，薇薇安在内心写了一张清单，上面写着卡门在什么样的情形里控制着她，并且做了多少让她尴尬的事情。另一方面，卡门还是她最好的朋友。所以，在思考了很久之后，薇薇安决定与卡门坦诚地交流，也许这是最好的方式。现在，薇薇安已经等了足够长的时间去和卡门开诚布公，并且她内心的清单已经列得足够长，同时与日俱增的还有她内心的愤怒。但是问题在于，薇薇安并没有意识到自己在这个局面中的问题。因此，她对于卡门的指责，即卡门在控制她这件事，本身就是不公平的。如果薇薇安不敢说出自己的想法，那么这就不是卡门的问题，而是薇薇安自己的问题。薇薇安因为自身的不安全感，非常敏感。

客观上来讲，卡门对于薇薇安性格害羞的这句评价并不糟糕。相反：卡门对薇薇安喜欢的那个男人说她害羞，会让他对薇薇安产生兴趣。所以，她的本意是好的。如果卡门经常口无遮拦，那么这是卡门的问题，因为她在为自己朋友的这个特征感到羞愧。但是这不意味着卡门做的所有事情都是正确的，或者说她所做出的评价已超出了本该有的界限。薇薇安应该了解自己没意识到的问题。当薇薇安最后向卡门说出她的看法，并且用那些陈芝麻烂谷子的事进行"论证"时，卡门会觉得自己掉入了万丈深渊。这对于她而言太过分了，并且她觉得薇薇安指责她的很多事情对她来说是不公平的。卡门在这次对话中努力从她的角度去解释，这反过来又会让薇薇安产生错误的认知，她觉得和卡门解释没有任何"意义"，因为卡门"总是觉得自己有理"，而卡门也没有办法承受任何批评，薇薇安更觉得卡门就是喜欢控制他人，这个观点又因为这次"解释性的对话"得以证实。薇薇安对自己缺乏反省，这样一来，卡门便处在不利的地位。

薇薇安的案例显示了，不是所有的问题都可以通过开诚布公的谈话解决。重要的是，要尽可能精确地了解自己在这个情形中的问题。当人们把原本属于自己的问题归咎在他人身上时，自己也能认识到这一点。并不是所有的批评都是正确的。我希望你可以通过这个章节建立更加精确的认知，了解你在某些关系中的问题。当你觉得对方看起来比你更有优势时，你就要特别小心了，这种感知会导致错误的认知，不仅薇薇安的例子展示了这一点，在前文中阿希姆的例子也同样如此。

请你尝试着尽可能对对方诚实。问自己以下问题：这个人真的愚蠢吗，还是说我出于某种原因嫉妒他？这个人确实是在控制我吗，还是说我自己不敢开口说出自己的想法？这个人真的对我傲慢吗，还是说是我的自我怀疑让我产生了这种感觉？重要的是，你始终要给对方一次坦诚对话的机会。请你倾听他到底说了什么，并且尝试着去理解他的观点。所以，当卡门对薇薇安的陈述做出解释时，这完全合理，因为卡门没有办法读出薇薇安脑中的想法。但是薇薇安对于卡门的观点却没有持开放的观点，她固执地认为自己的观点是正确的，因为她得到了安雅的支持，没有给卡门任何机会。

不要钻牛角尖！要有理

现在，我想要从另外一个角度来观察并解决冲突。在上面的那个例子里，薇薇安并不正确，因为她没有认识到自己的问题。这个问题在自信和不自信的人身上都会发生。然而，不自信的人经常用自我怀疑来折磨自己，他们总是怀疑自己没有权利表达或者表达得对不对。特别是当他们阐述自己的观点时，这种不安全感经常会让他们感到无力。这就好像把他们逼入了角落里。我认为，这个问题源于一种错误的思维方式：问题并不在于对错，而在于有理！我还记得，我们探讨的并不是谁输谁赢，而是要达成一致。很多自我价值感不强的人总是在与自己的恐惧感斗争，害怕自己陷入劣势地位，却没有思考如何为自己的观点进行辩护。

如果我持有某种观点，那么我一定有我的道理。我会一直保持我的观点，直到有人提出更好的观点。如果确实有人提出了更好的观点，那么我会说："你是正确的！"就是这么简单。如果别人提出了更好的观点好的观点，那么我同意他的观点是理所应当的事。觉得自己没有道理，这不是一件糟糕的事情。我还想进一步讨论这个话题，当某人提出了比我更好的观点时，我并没有把自己逼入角落。我会选择继续保持自己的观点。尽管我觉得自己更有道理，我们没有对此达成一致，但是因为对方仍然维持自己的观点，那么大多数情况下会产生一个很好的结果，那就是"暂时搁置"。

如果你不确定你的观点是否有理，那么请你先思考，你的观点有着什么样的道理。也许你在思考自己的观点时，会想到一些反对你的观点，那么请你检查那些观点并且思考，这些观点是否会改变你的观点。当你结束了这些分析，你就可以阐述你的观点了。如果对方说出了你没有想到的观点并且说服了你，那么你完全可以赞同他的观点。如果你不确定，那么请你告诉他，你还需要想一想。如果你没有从对方身上听到可以说服你的观点，你就保持你的观点。

克里斯缇娜总是抱怨她的伴侣博尔德，因为他总是迟到，而克里斯缇娜需要对自己的空闲时间提前做出安排。例如，她不想在星期五中午的时候才知道星期五晚上的安排。她已经多次跟博尔德说明了这一点。但博尔德并不同意，因为他的工作没有办法保证长期的规划，客户希望他随时给予反馈。另外，博尔德认为，长期的规划也并不符合他的人生理念，他更喜欢随性而为。因此，这里出现了两种观点的冲突：一方面，克里斯缇娜需要计划和预见性，另一方面，博尔德则希望灵活和随性。

克里斯缇娜不确定自己这样要求博尔德是否有道理——毕竟她也不期待他和自己拥有相同的生活方式。很明显博尔德并没有把规划时间当回事。克里斯缇娜觉得自己比博尔德更重视两人的关系，所以她害怕自己给博尔德太多压力之后，博尔德会离开她。另外，她意识到她在为博尔德的自由需求买单。当她等博尔德的时候，她很生气，因为她可以利用这段时间去做其他的事情。如果博尔德临时告诉她自己不能来，克里斯缇娜就没有办法去约其他的朋友，只能一个人留在家里，这让她感觉十分糟糕，因为她想念博尔德又同时对他生气。除此之外，博尔德的这种约会方式导致她总是会尽可能地空出当天晚上，没有办法自如地安排自己的日程。在心理治疗诊断中，我请克里斯缇娜列出对博尔德提出的要求。在思考片刻后，她找到了如下的观点：

第一，信任和准时是向他人展示尊重的行为方式。更好地安排他的时间、不要让我等，这是博尔德的责任。让我用等待为博尔德的生活方式买单，这是不正确的。

第二，伴侣关系意味着给予和索取。博尔德几乎期待我百分之百地赞同他，他认为，他对随性的需求远远超出于我对计划和预见性的需求。他可以做出一些妥协，考虑我的需求。

克里斯缇娜通过思考整理出了自己对博尔德提出的观点，同时，她也获取了更多的自信。她意识到，在这段关系里，至今是博尔德一个人决定约会的规则，而她只是规则的遵守者而已。她突然发现，她对计划的需要和博尔德对灵活的需要同样重要。在两人的对话中，博尔德一度语塞——他几乎无法反驳克里斯缇娜。因此，克里斯缇娜仍然维持自己的观点。最后，他们达成了和解。

然而，我并不想向你隐瞒，克里斯缇娜和博尔德的对话也可以是另外一种样子。在博尔德的观点背后隐藏着巨大的关系问题。在事实面前，他总是固执己见或者只是口头答应准备做出所谓的妥协。虽然克里斯缇娜说得很有道理，但是博尔德的行为仍然照旧。有道理并不是成功的保证。毕竟我们对他人并不能产生直接的影响。我们唯一能产生直接影响的人是我们自己。但是，克里斯缇娜在这段关系中已经承担起了自己的责任，尝试着去改善她和博尔德之间的关系。这就够了。博尔德是否会因此做出改变，这不是她的责任。

这也是一种重要的认知，因为很多自我价值感不强的人总是认为："这反正又不会改变什么！"一方面，这个观点是错误的，因为人们确实可以通过交流对他人产生影响；另一方面，把自己的精力集中在可能产生的成功之上，这并不一定具有行动指导意义，行动指导意义应该在于"我怎样在我的责任范围内去改变这个情形并做出正确的事"。

现在，我打算探讨一下克里斯缇娜的恐惧。她担心向博尔德提出要求会让博尔德产生压力，最后离开她。这种想法是情有可原的——像博尔德这类害怕责任的人，当他们面临更大的责任时，他们的反应经常是逃跑。我认为，与其惶恐没有尽头，不如当断则断。博尔德的行为方式引起了克里斯缇娜的极大愤怒，这也提出了一个问题，她是否能长时间保持这种质量的关系？将潜在的冲突隐藏在水面之下，这毫无益处，因为这些冲突会不可避免地加剧。开诚布公的对话可以让这些现实的问题更快地浮出水面——正如之前所提到的博尔德的态度和关系问题。短期内，比起克里斯缇娜闭口不谈，这样确实会让这段关系承担压力。但是从长期来看，在这种情形下，两人的这段关系迟早会结束。克里斯缇娜也许会做出合理的批评：为什么我要常年忍受博尔德的行为？为什么我没有早些做出反抗或结束这段关系？总结是，沉默只会让克里斯缇娜与博尔德这段不幸的关系雪上加霜。

害怕自己明确提出自己的需求和想法会让对方陷入压力，甚至讨厌自己，几乎所有人都了解这种恐惧。我也一样。那么，我们有哪些理由这样做？

第一，我容易受到攻击，也说得很明白。因为我自己承担了责任，所以没有人可以对我评头论足。

第二，我保持公平，因为只有我说出来，其他人才会有机会与我修复关系，我认为，如果我通过对话认识到我自己的看法太过单一或者干脆就是错误的，那么妥协或者屈服就可以是问题的解决方式。

第三，正常情况下沉默不会解决冲突，一般情况下它会加剧冲突。长期来看，它还会让这段关系承受更多负担。在大多数情况下，开诚布公会让冲突得到缓解。

第四，如果问题太过复杂，而开诚布公又没有办法让它得到缓解时，那么坦诚至少可以让这个复杂的问题更快地浮出水面。

接下来，我想再次重申，不管是你还是对方，都可以提出观点。每个人都经历过自己被不公对待，一个人之所以没有办法做出反抗，是因为对方没有理会他，而是维持自己的观点。这是一种傲慢，这会让所涉及的人产生无力感。我们应如何在这种情况下做出最好的选择，我会在后面的内容中进行探讨。

我是坦诚还是爱发牢骚

每个人都遇到过这样的人：他不停地说出自己的观点和需求，让别人感到神经紧张。现在，肯定有读者会问，健康的自我主张和负面的爱发牢骚之间的界限在哪里？区别在于，爱发牢骚的人眼里只有自己。他们的认知是自私的——他们感觉不到周边人的需求，只为自己的利益争辩。相反，有着良好自我价值观的人可以很好地共情他人并且认知到他们的需求。因此，我在上面的章节中也写到，双方都理解很重要。即使是一个做完"自我表达训练"的人，如果他只讨论自己和自己的需求，我也觉得他非常让人讨厌。这种情形肯定不是我所关心的内容。我也并不认为遇到的所有小事都值得展开一段讨论。恰恰相反，我们应该忽略一些小事。当我们觉得自己的愤怒在内心中聚集或者觉得这件事至关重要时，就是开展讨论的时间到了。只要你能看到对方，你就不是一个爱发牢骚的人。

如果有理也没有办法继续帮助你

我想跟大家探讨一种非常讨厌的对话情形，也就是在这个情形里，对方压根不愿意与你交谈，而你的感觉就是对牛弹琴。在这种情形里，尽管你有好的观点，并且完全有道理，但是你仍然处于失败的境地。你觉得自己很无助，并且不理解到底发生了什么。你一直在做出新的尝试，去解释，但有可能只是在固执己见地守护所谓的正当性。这种情形的糟糕之处在于，我们讨论的压根不是你的理由或者对方的理解，而是别人愿不愿意给你尝试的机会。

案例：

约纳斯（41岁）是家里最小的儿子，他还有三个姐姐。因为他最小，所以他总觉得他的三个姐姐在控制他。不仅仅是他的姐姐，他的妈妈也非常强势。这种童年经历让约纳斯对女性的形象产生了矛盾——特别是在面对自信和强大的女性时。一方面，他被这些女性吸引并且欣赏她们；另一方面，她们又会让他想起自己在童年时期经历的自卑感。然而，约纳斯并没有意识到这一点，约纳斯在潜意识层面对于强势的女性会产生强大的权力动机。在他工作的不同公司里，他与他的女同事们产生了巨大的矛盾，他在她们面前表现得吹毛求疵、自以为是和频繁说教。因为缺少团队合作能力，他已经失去了不少工作机会，这也使他本身就不够强大的自信再度受到挫折。

约纳斯有一个交往多年的女性朋友斯特拉。斯特拉很有魅力，并且在工作上取得了巨大的成功，但她并不是一个自信的人，而正常情况下别人意识不到这一点。出于这个原因，她很容易招来其他人的嫉妒，因为与她相比，人们会觉得自己没有受到上天的眷顾。有一天，斯特拉和妮可拉发生了非常不愉快的冲突，妮可拉既认识斯特拉也认识约纳斯。斯特拉是一个非常公平的人，她尝试着在她能力范围之内公正地解决冲突，她却陷入了失败的境地，因为妮可拉觉得斯特拉处于劣势地位，她并没有听斯特拉的话，只是聚焦于自己的"真理"。

约纳斯有一次在城里偶然间碰到妮可拉，她向约纳斯讲述了她所理解的曲解的事实。然后，当约纳斯再次碰到斯特拉时，他就把这个事情讲给了她。斯特拉努力去辩解，她的理由不仅清晰，并且好理解，另外她还有证据，因为这次冲突的主要内容都写在邮件里，她可以拿出来证明谁在什么时候说了什么。在整个对话过程中，约纳斯交叉着手臂，嘴角向下，满脸怀疑地看着斯特拉。斯特拉一直在说，然而约纳斯并不相信她。因此，斯特拉请求他去看这封邮件。然而，约纳斯摆了摆手拒绝了她。斯特拉一直在说，她认为约纳斯是一个很好的朋友，他会从客观的角度去评判这件事，因此她错误地认为自己还有机会。而约纳斯则享受这个评判正义的过程，他持续表示怀疑，斯特拉不断辩解。这让他很高兴，因为他总算看到自己那个成功的女性朋友在不断挣扎。现在，他觉得自己真正控制了她（其实她的成功女性形象代表着他的母亲和姐姐）。

斯特拉犯了一个错误，那就是相信约纳斯固执的观点。这样一来，她无意识地进入了约纳斯的权利结构。比较明智的方法是缩短这次对话。如果斯特拉从一开始就意识到约纳斯是站在妮可拉一边的，那么她应该这样跟约纳斯说："好的，实际上我并不想做过多的辩解，但是我可以从我的角度来描述一下这件事。这件事并不值得我愤怒。"但她陈述完自己的观点之后，她可以针对他的观点这样表达："我注意到，想要通过讲道理说服你是没有意义的。你很明显不想要被说服。"至于其他的挑衅，她根本不需要做过多理会。

然而，人们在对话的过程中往往并不讨论事实，而是讨论一些潜意识层面的冲突，这些潜意识会投射到对方身上，这种情况并不少见。就像约纳斯将自己厌恶强大女性的根本问题投射到斯特拉身上一样。如果一个人因为对方是自己的伴侣，所以自然觉得他是深思熟虑的，那么他就错误地判断了这个情形，会错误地认为对方会理解自己，因为事实很清晰，然后他就会说个没完。正是因为不自信的人在这种情形里感受到了"危机"，他们从对方固执的观点反驳中开始怀疑自己话语的真实性，所以他们更容易去赞同其他人的话。

那么，怎样才能及时地辨认出这种走偏的情形呢？如果你的观点正确，并且甚至有事实作为依据，然而对方并没有听你的讲述——他要么忽略你的观点，要么与你的观点背道而驰，那么这个时候陈述事实很可能是一件愚蠢的事情。另一个很好的技巧是注意对话的气氛。你可以观察对方在拒绝的时候是否还伴随着拒绝的、潜意识层面敌对的身体动作与表情。正如约纳斯几乎全程交叉着双臂，并且嘴角向下。正常情况下，至少在当下的情形里，我们应该会感知到对方是自己的朋友。另外，你也可以通过对方是否有道理来判断，你可以注意对方是否有具体的合理的观点来反驳你的观点。如果没有，他只是固执地抱着笼统的观点，你就不要再辩论了。你只要简短地做出陈述即可，也可以就这样结束对话。在这种情况下，你不需要向他讲道理。虽然这听起来有些愚蠢，因为人们通常需要解释，而不是中断对话，但是当对方在与你的对话中已经陷入自己的权力动机时，我觉得这是唯一的出路。

马歇尔·罗森伯格看到了另外一种可能性，他创造了一种巧妙的沟通方式，称为"非暴力沟通"。我觉得他的论述非常有意思，但是也有局限性，因为这要求我们必须在心理和口才上有极高的天赋，或者已经经过了长期练习。我没有办法想到罗森伯格先生所提到的那么好的回答方法。对于我们这种口才资质平平的人或者懒人而言，结束对话也许就是最好的办法。

关于对答如流，我还想说几句

我在之前的章节里提到，你不需要努力让自己对答如流，你只要将精力聚焦在事实层面上即可。这也是正确的，因为这样你的注意力不在你自己及恐惧上面，而在任务上。但在很多情形下，如果人们能够想到一个合适的回答，也能够让人如释重负。不自信的人的问题在于，他们经常会觉得无助。因此，我一直强调，想要改变这种状态，我们首先应该要提升自身的行动能力。从这个层面上而言，拥有些许对答如流的能力会让人觉得自己可以做出反抗。关于解决冲突这个主题，我甚至可以写整整一本书，并且现阶段市面上已经存在不少这方面的书了，因此在这个主题上，我仅仅会选取一些重要的内容。

在现实生活中总是存在让人无言以对的场景，因为对方确实很过分，所以这里讨论的并不是表达你的观点或正当需求的场景，而是你突然感觉自己受到了毫无预见的攻击的场景。从本质上，这可以分为两种场景：一种场景是无害的，比如友好的玩笑；而另一种场景则是令人不快的，比如真正的侮辱。在这两种场景中，如果人们能够对答如流，那确实会让人感觉舒适，但也很容易让不自信的人语塞。

对答如流的技巧在于，我们并不一定每次都需要找到全新的、有针对性的答案。这个要求太高了，只有少部分人能够达到，他们拥有着极高的口才天赋，属于个例。对答如流的技巧在于使用一系列的回答策略，并在很多场景中不假思索地灵活运用，不必每次都即兴想出新的答案。马蒂亚斯·诺尔克在他的推荐书目《针锋相对》中说，重要的是说出一些话，而不是一时语塞或者对攻击感觉羞愧。任何答案都好过毫无行动或感觉无助。因此，马蒂亚斯·诺尔克推荐了一些即兴语录。这些即兴语录是准备好的句子，几乎可以应对任何场景。你可以提前想好一系列即兴语录，这可以帮助你在遇到攻击时不假思索地利用。例如，如果你遭遇侮辱，被对方说"你究竟是多笨啊？"——不管是开玩笑还是确实不尊重你，你都可以通过以下回答来反击，这些答案几乎适用于所有被侮辱的场景：

◇ 我没有理解你刚才说的话。我没有听懂。

◇ 我并不想对此做出回应，我的口才训练还处于初级阶段。

◇ 你能把这句话反过来对自己说吗？

◇ 我这是物以类聚，人以群分。

◇ 刚刚有人说了什么吗？

名言警句也是作用巨大的即兴语句。例如安格拉·默克尔的一句名言就十分适用："重要的是结果是什么。"这句话对很多情形都十分管用。足球教练阿迪·普雷斯勒的名言也非常合适："所有的理论都是灰色的，只有合适的才是对的。"还有著名电影台词："如果我打算倾听你的意见，那么我会告诉你。"

一个又好又简单的回应策略也可以是夸张的。针对"你究竟是有多笨啊？"你可以这样反击："我还可以再笨一些！"或者"我的算术也很差！"夸张手法是顺着对方的话说，用幽默来化解困境。好处在于，你这么做以后，对方只能重新回到原点。这种办法的巧妙之处在于我们可以借此完全反客为主。

有些时候，你的状态明明很好，却也会受到责备，比如你会听到："你说得太轻松了，你好像没有工作和家庭的双重压力。"在这种情况下，我最喜欢的回应是："没错，自己铺的床，在乱也要躺下去！"当然，这样的话要分场合说。如果有人对我说："你说得倒轻松，你又没有生病的母亲需要照顾！"这个时候，上面的回答就完全不合适了。在这种情况下，我会给你另一个我最喜欢的回应，也就是："你说的（完全）是对的！"

然而，口才专家马蒂亚斯·诺尔克却建议有些情形下要保持沉默。在某些情况下，沉默也可以反客为主，例如当对方陷入愤怒的时候。诺尔克说，在这种情形下，如果人们想获得主导的地位，就应该选择"沉默"。

学会与别人的期待相处，"不"讲出来很容易

不自信的人有一个很大的问题，即他们不会说"不"。其实

这个字说出来很容易。不自信的人对于说"不"的恐惧源于内心根深蒂固的信念，他们必须满足周围人的期待，获取他人的认可，或者至少不被拒绝。这种心理学上的关系和数学的一则公式相似：对被拒绝的持续恐惧导致一个人努力做好所有的事情，为的是让自己更受欢迎。换成数学公式则是：我是糟糕的 × 我要让你满意 = 你会喜欢我！

在这个公式当中，存在着一个原则性的错误臆想："我是糟糕的！"因此，这个公式不能成立。然而，让不自信的人认识到这一点就是最大的挑战。我们对于自然科学以及数学公式的信仰已经深深印在我们的大脑中。对于很多自我价值感受损的人而言，他们缺乏想象力，他们认为自己被其他人喜欢是有条件的。他们坚信自己要变得不一样才行，最好换一个人。

因此，他们中的很多人会过一种双重的生活。他们内心坚信自己不好，所以对外部世界隐藏了自己的内心。当出门时，他们会戴着一顶隐身帽，毕竟他们不想被社会隔绝。对外，他们会努力尽可能给别人留下好的印象。他们小心地注意着别人对他们的期待，因为他们从潜意识里将别人对他的期待当成了自己生活的准则。他们不能让其他人失望，失望会导致拒绝，这是"不安星球"居民的生存法则。他们要"逃离"恐惧，那个恐惧就是让周围的人发现他们的缺点，这是"不安星球"居民的行动指南。满足其他人的期待就是克服这种恐惧的方法。"只要我没有犯错，我就不会发生任何事！"这是他们常用来安慰自己的话，或者"好的""好的，我很乐意"，然后对方就不会拒绝自己。自我价值感低的人的生活笼罩在持续的恐惧中，他们担心自己会受到攻击。攻击的范围会扩大至当自己没有满足对方的期待时，对方会生气。这种持续的恐惧会让不自信的人的思维蒙上一层灰，使他们找不到自己的立场或者根本想不到该有什么立场。

在"安全星球"上则奉行另一种生存法则。生活在那里的人们不管对自己还是对他人都保持着乐观的态度。他们不觉得他人会对自己做出卑劣的事情。他们相信他人，所以当他们拒绝对方的请求时，对方自然而然地能够理解。他们相信他人，因为他们自信，因为他们觉得这是完全理所应当的事情。他们认可自己，所以他们并不需要努力获得其他人的认可。他们并不关心其他人的评价，也完全不在意自己是否完美，是否被他人喜欢。他们不需要从其他人身上获得这种期待。当他人不喜欢这件事或者不想做这件事时，他们完全有权利说"不"。与"不安星球"不一样的是，他们生活在民主的星球上，他们也完全赋予了自己这样的权利。

如果你也想搬到"安全星球"去，那么你必须开始友好对待自己。你越是对自己友好，你就越会感觉自己身边的人友好。在"安全星球"上，你会为自己生活，那里不存在专制和独裁。你完全可以为自己辩护。只有一个例外，就是你犯了罪。说出"不"这件事并不是犯罪。

你必须改变你的内在信念，这一点非常明确。拒绝对方不一定会导致失望或愤怒。实际上，说出"不"在大多数情况下都不糟糕。当我的来访者不断敢于表达自己的愿望时，我也是这样和他们说的。很多人对此很意外，原来在大部分情况下，拒绝可以被周围的人接受。

A：周末你可以帮我搬家吗？

B：不好意思，我已经答应我的孩子们，周末要和他们去徒步。

A：明白了，我能够理解。

你看，就是这样。生活就是这么简单。

在你练习说"不"的过程中，有个策略可以给你提供很多帮助——请你思考，提出请求的人有什么权利生气或失望？哪些是赞成论点，哪些是反对论点？请你意识到，比起拒绝，并不赞同却还是答应更会让你与对方的关系变差。这种情况并不少见。比如，尽管 B 想和自己的孩子们出去玩，但他咬牙切齿地帮助你搬家。他不仅仅对自己生气，而且也对提出请求的你生气，因为看起来是你让他陷入了这种令人讨厌的情形中。我通过其他的例子也写到过，如果人们想要拒绝却经常表示赞同，就会带来冷战，这比实话实说更容易破坏关系。

如何对待批评

不自信的人很难与批评和平相处。批评粗略上可以分为两种形式：合理的批评和不合理的批评。接下来我会帮助你更好地处理这两种形式的批评。

首先我们来探讨合理的批评。在大多数情况下，合理的批评涉及的是具体的行为和具体的人所犯的错误；而不合理的批评是笼统的，或者尽管它涉及的是具体的行为，批评者却因为个人的意志对事件进行了过分的评价或错误的解读。还有，做出批评的人常常非常敏感，并且容易受到伤害。

合理的批评是具体的。即使它一开始看起来并不具体，但当我们请对方将这个批评具体化时，它也会变得合理。例如，有人批评你："你总是这么不可靠！"你从一开始可能没有办法理解，所以你请对方向你解释，在什么样的情形下自己是不可靠的。如果对方能够根据具体的情形来说明，那你自己也会明白，这个批评是合理的。如果他没有这么做，而是摆了摆手拒绝解释："你不要问我具体的事，我想不起来细节了！"那么他的批评就是不合理的。你的反问并不是毫无意义的，因为当他批评你的时候，他就应该对这个批评负责。

如果批评是合理的，那么你只有一条路：承认自己的错误，为自己的行为感到抱歉，并且改进自己的行为。不要抗拒、辩驳或全盘否认，这种方式只会让矛盾升级，让对方对你产生负面的评价，他们会认为跟你解释没有意义，后期也可能会减少跟你的联系。

很多不自信的人容易受到伤害，并且同时会产生羞耻感。即使是合理的批评也会触及他们内心深处，让他们感到不安，进而自我保护甚至反抗。他们出现了自我保护功能失调现象，这种态度会继续把他们拉入问题中心。对方批评他们不仅仅是因为他们做错事，也因为其态度不正。如果你针对合理批评进行辩驳和否认，那么不仅会使你的工作受阻，你在私人生活里也会陷入闭塞。

为了能够承受合理的批评，你需要脸皮足够厚。你的痛点就是你的羞耻感。当你发现自己的某个缺点或者在某个场景里不知道该如何表现时，你总是会产生过多的羞耻感。正如以往一样，你过度评价了"事件"的重要性。没有人是完美的。你手上拿着的是一束装满个性和能力的花束。即使你从这束花里摘掉一朵，手上的花朵也仍然足够多，这束花也依然美丽，你不需要为此感到羞耻。在这样的情形下，你也要认识到自己的优势。不要用放大镜来观察合理的批评，也不要忽略你其他的能力，不要把自己的注意力完全集中在缺陷上。

很多不自信的人有着错误的思维方式，他们认为合理的批评是对他们整个人的否定。其实，批评也只是一个批评而已，除此之外，再无其他。你犯了一个错误，并不意味着别人不喜欢你了；也不意味着别人会认为你完全是一个糟糕的员工或差劲的朋友；也不意味着对方就此定义你。他只是想给你指出某个具体的错误而已。

请你回忆我之前关于内在小孩的解释。请你牵起你的内在小孩的手，并且安慰他，告诉他每个人都会犯错，如果能尝试着在下次改正错误，那么这一切就一点儿也不糟糕。正如我在其他章节所提到的那样：你不必变得完美，诚恳地努力就足够了。请你尝试着改变你对批评的看法，即只是把它看成一种坦诚的回馈。一条有建设性的批评里总是藏着进步的机会。

你要意识到，世界上并不存在着百分之百完美的人，也没有任何一段关系是完美的。请你将内在的"含羞草"打包好。

顺便说一下"含羞草"这个概念：我们总是非常敏感，不管一个批评是合理还是不合理的，只要当它引起我们内在的自我怀疑时，它就会让我们受伤，批评者在往开放的伤口撒盐。当我们充满自信时，批评一般来说不会发生作用，我们不太容易受到伤害；或者当这个领域是我们内心鲜有抱负或并不在乎的领域时，伤害也很少发生。我们受伤害的程度与我们对事物的态度紧密相关。因此，自信的人不像不自信的人那样容易受到伤害，批评不能从根本上动摇自信的人，因为他们的根基十分牢固。他们会把合理的批评当成促进自我进步的机会，而在受到不合理批评时，他们会想："母猪要上树，树还怕它不成！"为了更好地承受批评，你要处理内心深处的伤害并治愈它。你越能接受自己的缺点，就越能接受批评。

最后，不要把自己当回事，这对于接受批评也非常有益。在内心后退一步并思考，如果你犯了一个错误，这个世界的历史会发生改变吗？用幽默来调侃自己也会让人放松下来。

现在我们来说如何面对不合理的批评。这种批评让我个人觉得很不舒服，因为我们经常没有办法从这样的情形中跳出来。如果一个批评是合理的，那么我的任务就是去改善与对方的关系，我必须承认我的错误并且为此道歉，然后这件事（正常情况下）就结束了。而面对不合理的批评时，我们有时候有机会去解释事实，而有时候真的没有机会，只有当对方愿意倾听的时候才能解释。如果批评者出于自身扭曲的认知已经将你判定为犯错的人，那么你也几乎没有机会。如果对方将他自己的很多问题反射到我身上，那么我更没有希望，正如我在这本书中多次提到的那样。

我们判断一个批评不合理的理由，要么是这个批评脱离事实，说的是我们并没有做过或说过的，要么就是对方满怀恶意地针对我们。很多行为方式都存在着一定的判断空间。例如，在一次晚会上，我过得非常愉快。在晚会快结束的时候，现场只有少数宾客，这时候在放一首很老的舞曲，实际上之前大家也没有跳舞。晚会的主人是我的一个朋友，我第二次问他是不是可以放一些流行音乐，不要总是放一些老歌。从我的角度来看，这种说法完全不具备攻击性。因为我的干涉，很多人开始跳舞了。

在后来的一次交谈中，我的这位朋友批评我，他认为我不应该在他的晚会上对音乐吹毛求疵。我认为这个批评很过分并且不合理。我觉得这个批评的一部分原因是我的行为，但更多是因为我的朋友太容易受到伤害。在这种情形下我们很难讲清楚。尽管我后来告诉我的朋友，我并没有恶意，而且我很喜欢他的派对，但是他觉得受到了侮辱。这种情形下我们能做得不多。再多的解释也于事无补，你无法叫醒一个装睡的人。

如果你也觉得自己受到了不合理的批评，因为你无法理解对方提出的理由，或者对方就是一个容易受到伤害的人，那么你在这种情形下可以尝试着去解释，但不要据理力争，而是要适可而止。正常情况下这种事很容易被人遗忘，所以给对方时间，让他平静下来并且变得宽容（如果他能闭上嘴巴，会更容易发生），如果你不在意这件事，那么你们大可以一笑了之，彼此的关系也不会受到影响。

我真的犯了错

在上面的章节中，我写到怎样处理批评，并用我的经历进行了解释。其中的问题在于，自我怀疑根深蒂固的人不会像我一样意志坚定。他们承受着内疚的情绪。他们不会想到对方可能是狭隘、不公正的。当感觉受到批评时，他们会把自己蜷缩起来——不管他们遭受的批评有多么不合理。尤其是那些敏感的人，他们认为其他人总是比自己强，所以他们在潜意识层面就已经为这些人让道。他们内心非常不安，因此他们在面对攻击时，思维会受限。他们压根不会想到对方的批评也许是无中生有。他们把自己困在受伤害的笼子里，并且失去了觉察的能力。正如我之前所提到的那样，这与他们对待自己的内在态度相关。从本质上而言，批评者乘虚而入，是他们允许的。

例如，我的一位来访者对我说，他感觉受到了伤害，因为他的朋友对他生气。在乡下，男人们相互帮着建房子很常见。我的来访者是一名出色的手艺人，他经常帮助他的朋友们。然而，有一次他拒绝了朋友，因为他有其他的事情要做。结果他的朋友很生气。他因此感到不安，觉得自己受到了伤害。他之所以不安，是因为他觉得自己的行为很自私。他完全没有想到，他的朋友其实没有理由对他的拒绝感到生气。我认为，他应该对他的朋友感到生气才对，因为朋友没有感激他之前的帮助，也没有理解他。然而，这位来访者属于那种认为自己在别人面前总是处于劣势的人，他不会想到从另一个角度去看这件事。在他内心深处，他总是害怕被否定，总是在关注别人对他的看法。

这个小案例再次说明了坚持自己的立场是多么重要。我们只能通过论证找到并固定自己的立场。我要求我的来访者去思考，他的朋友是否有权利对他生气，这是他第一次思考这个问题。随后他就认识到，事实上自私的并不是他，而是他的朋友，他的朋友几乎期待着他为建造自己的房屋"随时待命"。

当你受到这种批评时，请你花一点儿时间尽可能将伤害放到一边，寻求理智来帮忙。当你陷入不好的情绪时，你只应感受到"哦，我被拒绝了"，而不是反而认为自己是"啰唆的人"。另外，你也要权衡自己的观点与对方的观点。然而，你也要同意一些观点：

◇ 我和其他人有着相同的权利。

◇ 我和其他人有着一样的价值。

◇ 我可以主张自己的权利。

你要时刻意识到，你和其他人一样都有这些基本权利，就算在你的原生家庭中可能并不是这样的。如果你的原生家庭中有人反对你的基本权利，那么他们对你做的事就是不公平的。成年后的你没有理由继续受到这种不公平的待遇。

我应该怎样表达批评

对于很多不自信的人来说，他们不仅仅很难接受批评，提出批评也难以启齿。接下来，我将向你展示如何提出批评。正如我已经提及的那样，如果你过于追求沉默，而不是坦诚相告，就只会给这段关系增加负担。也就是说，如果你发现你的伴侣、朋友或同事持续困扰你，或者他们犯了错误，你就要让他们注意到这一点。

为了让批评听起来尽可能好听，并且让你的批评对象容易接受，你需要注意以下几点：

第一，在说话之前，请思考你的偏见是否也参与批评当中。

例如，你想对你的一位朋友说，他总是对你的问题漠不关心，那么请你想一想，你在之前与他的对话中是否已经清楚地表达，你想讨论某个特定的问题，以及你是否期待他靠自己"猜测"你的问题并且能"预感"到你的谈话需求。

第二，请尝试着具体化你的批评。不要使用诸如"总是"和"从不"这样的字眼。请你至少描述一个具体的场景，来证明你的批评是合理的。请尝试着让你的论述变得更好理解。

第三，尝试着以"我"的句式来说话。不要说："你总是这么以自我为中心。"而是应该说："最近我发现，每次当我提起我的问题时，你总是很快说回自己。我希望你下次可以更多地照顾我。"

第四，批评对方时，对自己也做出适当的批评，对方会更容易容易接受你的批评。例如："我知道，我不是一个认真的倾听者，但是最近……"或者"我知道，我的缺点就是缺乏耐心，但有时候你让我困扰的一点是……"

第五，将批评与对方的特性或优点结合起来效果也不错。例如，你可以用夸奖来开启批评："你是我最好的朋友之一，我知道我可以完全相信你。但我总是觉得，在我遇到一些麻烦时，你没有认真地倾听我，这有时候会让我受伤。"

第六，当对方做出解释时，认真倾听。请保持开放的心态来接受他的话语。

第七，如果当你基于客观事实友好地提出一个合理的批评时，对方还是勃然大怒，那么请你尝试着忍受他的愤怒，不要马上尝试和解。坚持你的立场，如果对方没有提出具有信服力的理由并且总是说一些难听的话，就不要让自己陷入无休止的讨论中。

有一次，我的一位来访者向我抱怨，她很难让八岁的女儿明白必须自己做家务。她的女儿总是立刻开始和她争吵，这让她很难忍受。我请她一一陈述自己对女儿提出这个要求的合理理由，她也说出了不少。我建议她先忍受女儿的愤怒，不要马上妥协。然后我们便看到了改变：她的女儿完全不习惯妈妈如此坚持立场，尽管她花了一整个下午闹脾气，但母亲并没有选择向她妥协。最后，她至少在大多数情况下都愿意做家务事了。

很多不自信的人在被批评后很快就会产生负罪感。为了维持关系，他们总是承担着太多责任。因此，我要不厌其烦地重申：请为你的立场寻找理由，这可以帮助你减少负罪感，给你带来安全感。对于一段关系是否和谐，你不是唯一的责任人。在维持这段关系的过程中，对方和你承担着相同的责任。你只有告诉对方，哪些事会妨碍你，哪些事是你期待的，对方才能承担起责任。长期来看，比起忍受愤怒、将愤怒封闭在心里，开诚布公能够更好地维持健康的和谐关系。

夸奖和被夸奖

不管是负面还是正面的评论，不自信的人处理起来都会存在问题。他们很难接受夸奖或恭维，反过来他们也不知道如何夸奖别人。夸奖总是能让他们产生羞耻感，他们不知道如何面对，甚至觉得自己配不上这种夸奖。他们虽然想要引起其他人的注意，但当他们被关注时，又会觉得自己拘谨。因此，我想鼓励你放松下来，当听到夸奖或恭维时，说一句简单的"谢谢"，这就够了。

如果你是那种不知道如何赞美他人的人，我还想鼓励你经常夸奖别人。也许你会觉得夸奖别人是一件"狂野"的事情，可能是嫉妒或自卑在阻止你这样做。请尝试着后退一步，跳过这个阴影。友好的话语或真诚的夸奖会让彼此的关系变得轻松简单。

我们可以通过夸奖他人瓦解或减少自己的嫉妒。当你积极地夸奖他人，而不是消极地嫉妒他人时，你会觉得自己此刻成了一个"更好的人"。这会让你感到舒适和平静，他人也会对你友好。我们越把自己放低，别人越会高看我们。美国人说："相亲相爱。"这听起来很好，不是吗？

肢体语言：挺起胸膛走路

我从语言层面讲述了不少在生活中解决冲突的方式，现在我想要探讨肢体语言。不安实际上是整个身体的状态。在没有安全感的状态下，我们会通过发抖、出汗、心跳或胃部不适来感知恐惧。除此之外，不自信的人的不安经常能反映在他们的身体姿势上。反过来也是如此，自信的人也能够在身体上感受到这种状态。

当自信的人进入一个场合时，他们能感受到自己内在的力量，他们昂首挺胸，敢于直视身边的人。而很多不自信的人的肩膀是前倾的、内扣的——好像在保护自己。

我们的心理状态会影响我们的身体，反过来也是一样。人们已经借助心理学研究发现，身体姿势的改变能够影响我们的心理状态。在我上大学时，我曾经做过一段时间的服务员。在这段时间里，我发现我的心情变得很好，尽管我一开始并不喜欢这份工作。我逼迫自己友好亲切地对待客人，并且保持微笑。这种友好和微笑对我的内在状态产生的影响是：我的心情变得很好。

我想要鼓励你有意识地认识到自己的不安在身体上的体现。第一步，在房间里走几步，关注你的身体姿势，它是否体现着不安？你的行走姿势是怎样的？你的肩膀是什么姿势？你的头朝着什么方向？你脚下的地板是否结实？你的手臂如何摆动？你的呼吸是怎样的？如果你无法只靠这个练习唤起内在的不安，那么请你设想一种场景，在这个场景下，你是不安的、恐惧的。

当你感觉到自己的身体已经表现出不安时，那么第二步是：继续加剧这种感觉。如果你的头微微低下，那么请你再低一些；如果你的手臂已经变得僵硬，那么让它完全僵硬。同时你要注意这种行为是如何影响你的状态的。

第三步，改变自己的状态，在身体上表现得完全自信。想象你是一名演员，你在扮演一个自信的人。在身体层面，自信的标志又是什么呢？正确的姿势是：肩膀打开，昂首挺胸，微笑；走路时手臂自然摆动，脚步稳重，但是不要太笨拙；呼吸要均匀。当我们身处不安的状态时，呼吸一定会发生改变，它在胸腔变得平缓，我们也会容易忘记吐气。而在恐惧的状态下，我们通常会气喘吁吁。调整呼吸是一个让自己平静下来的好方法：用胸腔吸气，然后吐气。

请让自己的身体姿势和呼吸传递出自信的信号，这也会给你带来安全感。你的身体姿势和呼吸能对你的精神状态带来反馈——就像我当服务员时的微笑一样。顺便说一下微笑：微笑总是好的。例如，当你来到一间房间，看到一群陌生人，并且感觉不安时，请你保持传递自信的身体姿势并保持微笑。这样一来，你表现出了开放友好的态度，其他人也会对你表达友好。相反，如果你用封闭的状态甚至不友好的表情和姿势表现你的不安，结果就会恰恰相反，其他人也不会对你表现得友好和亲切，他们会说："我不想与他交谈，因为我不知道我应该说些什么。"

坐着时，你也可以练习传递自信的姿势。当你与人对话的时候，请望向对方，这很重要，因为逃避他人的目光是不礼貌的行为。当你说话时，你可以看着对方的眼睛，也可以看向其他地方。这对于说话的人是非常正常的，因为当我们在集中注意力回忆一个场景时，总是会自然而然地打断目光交流，以更好地把注意力集中在自己要讲的事情上。通常来说，这是一种自觉的并且无法克制的过程。当我们结束讲话后，要再次望向对方，以告诉对方自己已经说完了，"把球传给对方"。

不自信的人需要学习一系列行为策略以及与价值感相关的态度来帮助他们获得内心的支撑点。这些措施的目的都是避免产生无助感及无力感。和语言一样，身体姿势可以为自己提供支持，所以请有意识地去调整自己的姿势。

小心狗仔队

以下练习源于我的一位朋友，心理治疗师海伦娜·缪塞。她喜欢推荐自己的来访者做这个练习：请你想象自己站在一条大街上，你是一个明星，到处都有狗仔在跟着你。当然你也希望能够被拍到好看的照片。所以，你在出门之前特别在意自己的外表。你随时都可能被狗仔拍到。你昂首挺胸，满脸自信，嘴角挂着亲切的微笑。

海伦娜告诉我，她的很多来访者通过这个练习获得了不错的体验。他们觉得这个游戏有趣，并且能让他们有意识地调整自己的状态。结果就是，正如我提及的那样，外表、身体姿势及表情都可以影响我们的心情状态。所以，请你始终想象，狗仔队总是到处跟着你！

微型对话

请想象你被邀请到了一个派对，那里其他的客人你几乎都不认识。对于很多不自信的人而言，这是一个可怕的场景。同时，你的老问题出现了，因为不安，所以你将注意力集中到了自己身上，而不是周围的环境。你内心的摄像机开机拍摄下了你的表现以及你给别人留下的印象。这不是一部无声电影，你的表现和臆想出来其他人的想象都被评论在其中。

哎，这儿就你一个人。你这么孤单无助，你在这儿能做什么呢？你的裤子好像穿歪了，其他人都在看着你呢，现在千万不要脸红。其他人都很放松，只有你像一根木头一样杵在这儿。他们肯定会想，你是多么无聊的人，也没有人跟你聊天。为什么不待在家里呢？你就不是一个善于社交的人啊。

在不安的状态下，你大部分的注意力都被集中到了自己身上。聚焦自我通常会导致紧张和思维短路，接着别人会再次印证对你的印象：你是羞怯内向的，没办法轻松地与其他人相处。因此，很多人拒绝让自己身处这种情形。

让自己不紧张的办法是，把注意力从自己身上挪开，放到环境上去。为了能轻松做到这一点，你要了解，大多数人都在处理自己的事情，只有你过度关注自己，只有你认为自己的出场很重要，因为你通过关注自我将摄像机对准了自己，并且通过这种方式无意识地让自己身处在环境的中心。其他人有各自的话题和烦恼，而不是都在分析评价你。正如你一样，很多客人也在担心自己给别人留下的印象。也就是说，不自信的人要比自信的人多，所以你要知道，这个环境对你是有利的。不要太把自己当一回事！

接着，请你用"自信的姿势"入场，并且友好地看向身边的人，而不是仅仅关注自己，请不要以"反正其他人都是笨蛋"的原则去贬低其他的客人，以此来获得优越感。请友好地对待这个环境。事实上，你也可以把这一切视觉化：给自己眼前的环境蒙上温暖的阳光。这非常有用，可以帮助你降低你感受到的所谓的威胁。

请你务必了解，你身边的这些人也有自己的命运和烦恼。请尝试着将你的心扉打开，尽管这听起来有些庸俗和神秘。你现在需要做的是，对你在这个派对上认识的人感兴趣，并且去了解他们。大多数人都喜欢围绕自己讲话，闲聊的目的是了解对方。一个好的开场可以是向他人介绍自己，并且询问认识的人与邀请者之间的关系。不自信的人可以通过友好的询问来与其他人开展对话。如果你真的对对方讲的话感兴趣，那么对话就自然而然地展开了。除此以外，你完全可以坦诚地承认，你在这样的场合有些无助，并且和别人闲聊对你来说不是一件容易的事情，就算是侃侃而谈的人也能理解这个问题，因为很多人都有这个问题，自我坦白也可以产生友好的对话。

如果你想找一个舒适的位置，看看你身边所发生的事情，也完全没有问题。你不需要把自己弄得压力很大，好像自己立刻就得与他人交流。请表现得亲切些，向周围投去感兴趣的目光，那么迟早会有人与你攀谈，他可能不像你一样面对陌生人时非常紧张。不要去考虑自己的表现。让自己就那样单独地站着或坐着，就算是自信的人也经常等待，只要你保持着"自信的姿势"，就没有人会觉得你紧张。

对于一些人来说，开始一段交流并不成问题，问题在于找到合适的时间去结束对话。我可以给你一些建议。你可以说要去拿些喝的或吃的，或者换种优雅的方式给予对方理解，表示你不想"垄断"他的时间（或者占用他过多时间）。通过这种表达，也可以体现你在照顾其他人，而不是轻视他人。

第十章 行动

承担责任并且采取行动

在讨论完交流之后，我想讨论一下行动这个话题。当然，语言交流也是一种行动，但是我接下来讲的更多的是行为，而不是语言。

如果一个人想要提升自我价值感，他就必须解决以下问题：他想在自己的人生里完成什么？他有着什么样的个人目标？他生活的意义在哪里？这些意义会让恐惧烟消云散。你或许可以回忆起我之前描述的案例，一个人从桥上跳下去拯救一个溺水的人。超乎寻常的意义和目的可以让我们从恐惧中跳出来。如果一个人始终盯着自己的缺陷，总是活在自我保护中，那么他的生活只会围绕着自己。尽管很多不自信的人确实会乐于助人并会努力让周围的人感到满意，但是问题是，他们的行为动机来自哪里呢？他们害怕被拒绝、害怕犯错、害怕不被喜欢，这些并不是让一个人脚下踏实有力的价值基础。将恐惧转化成责任才是能让我们心理更健康、道德感更强的方式。为自己负责是为他人负责的前提条件。

但是怎样才能为自己负责呢？这究竟是什么意思呢？答案是：当一个人为自己的行为承担责任时，他首先要对自己的生活有掌控感，不要因为偶然发生的事件让自己的生活或多或少与自己的意愿背道而驰。负责任意味着自信地行动、有序组织自己的生活、不怕得罪人、不恐惧、不随波逐流。

只有知道自己究竟想要什么，我们才会为自己的行为负起责任。自我价值感并不只是目标本身，我是说，自我价值感不应该成为我们追求的唯一目标，因为是否自信或不安只是对我们个人比较重要。最重要的还是社会生活，以及和谐的社会关系。自信和个人价值不仅仅来源于自身，还来源于社会关系。因此，我在别的书里也有过相似的表达，不自信并不糟糕，只要你的不自信没让他人付出代价，而只是为自己的不安买单，就并不糟糕。

如果你想提升自己的自我价值感，那么你首先应该思考，你这一生最想要的是什么？你在工作和生活上的目标是什么？更重要的是，你的价值是什么？当然我也知道，内心的信念与需要做的事存在冲突。例如，我必须工作，因为我需要挣钱。我们首先要知道，我们的内在信念和目标是什么，然后才会思考怎样将这些目标任务付诸实践。

走进自己的内心，明确自己在工作和生活上想要获得什么。

尝试着将生活中的目标靠近内在信念。众所周知，钱能给人带来的并非幸福，而是平静。让人感到幸福的因素有友谊、宽容、公正、勇气、正直、理解、认可、公平、友爱、环保、勇敢、幽默、乐于助人、教育、责任、移情和智慧等。

根据心理学的研究，追求生活的意义能够带来持续的幸福感，能将我们的注意力从自身转移，聚焦于事实及他人。父母之所以感到幸福，是因为他们成了父母，他们通过责任及对孩子的爱体会到了人生的意义。同样，人们在做自己喜欢的工作及与他人相处时，也能体验到生活的意义。在这里，关心是重要的关键词，也是重要的价值。尝试着关心自己，在这个过程中，你要尽可能地坦诚，正确认识自身的缺点、优点和内在动机，并关心周围人以及环境。尽管你觉得工作无法让自己变得幸福，甚至发现这份工作与你的内在价值不符，但你还是可以尽可能地把一件件事做好。例如，你可以努力成为一名公正又富有同情心的同事，也可以尝试着全身心地投入工作中，也可以鼓足勇气去改变公司中的一些情况。想一想，如何才能彻底改变工作情形？你真正想要的是什么？你怎样才能实现你的目标？是通过继续深造、调换岗位，还是改变工作内容或工作方式？

格尔林德是一名财务管理人员，今年 56 岁。她现在濒临崩溃，因为她没有办法跟上现在的税法规定，她经常要去遵守那些与她内心价值体系背道而驰的规则。因此，她生病了。她可怜地掏出最后的积蓄来治病，但是巨大的威胁还在逐步靠近，因为她的公司计划转移至国外。对她来说，最好的选择是辞职，但是以她的年龄和她特殊的教育背景，她基本不可能在就业市场上找到新的机会，除此之外，一大笔退休金也会因此离她而去。所以，从理性的角度，她决定咬牙坚持，直到退休。

为了避免心理或身体再出现疾病，她思考着如何才能更好地摆脱现在的困境。思考过后，她得出了如下的结论：她将再次全身心投入学习新的税法中，来为她所服务的中低产阶级客户获取最大利益。当她的上级提出明显无理的要求时，她不再缄口不言，而是努力说出客观事实来反抗。通过这种方式，她成功地将自己从无助的边缘拉回，尽管工作上仍然存在不公，但是她通过自己的行动赋予了工作合理的意义。这给她提供了新的能量，而那些濒临崩溃的症状也逐渐消失。

现在，或许不少读者会想，格尔林德这么做很好，但是我缺乏勇气去对抗我的上级——这就是我的问题！并且格尔林德必须战胜自己对冲突的恐惧，这样才能将自己的计划付诸实践。然而，她也思考过，她也可以不采取行动。最糟糕的情况是，她的老板会用一些难缠的额外任务去刁难她。她思考过这些问题，但是她决定忍受这些风险，为的是有骨气地度过自己的一生。这些思考给了她勇气和力量。

当然，工作中会存在一些不好的情形，如果我们和自己的上级争吵，确实会让矛盾再次升级。根据有些上级的个性，反抗是没有意义的。然而，我们也总是过分担心，没有完全思考实际情况，还没思考好，大脑就被矛盾的恐惧感占据了。问问你自己，在最糟糕的情况下，如果你自始至终坚持原本的立场，你会失去什么？正常情况下，你既不会失去工作，也不会失去生命。

下定决心

很多不自信的人很难明确自己真正想要的是什么，也很难做出决定。这是因为他们"训练有素"——他们知道如何满足其他人的期望，而忽视自己的感受和愿望。因此，对于很多人而言，与自己内心的精神与感受建立联系十分重要。这完全可以通过训练做到。我们可以经常在日常生活中问问自己：我刚刚感觉如何？我的感受是什么？我们可以有意识地训练自己做出决定，可以倾听自己内心的声音后再做出决定：我要去哪里？我今天用棕色的还是红色的杯子喝咖啡？今天我打算用果酱还是奶酪涂面包？还是我今天压根不打算吃早餐？这么做的目的在于将自己内在的注意力转移到自己的感受上——很多人会自动或无意识地压抑这个过程。

但是，如果我与自己的感受没有很好地联系，那么我也很难做出决定，因为最后做出决定的是我们的感受，而不是理智，感受会告诉我们内心真正想要的东西。如果一个人不能很好地感受自己的情绪，他就好像一艘缺少了指南针的船，漫无目的地漂荡在人生的海洋上。情绪会指明我们想去的方向，同时，在决定的过程中，理性的思考也会受到情绪的影响，感受会告诉我们这个想法是否正确。所以，请你尽可能多地尝试通过内在的注意力找到你的感觉，去了解自己！

自我价值感受损的人之所以经常很难找到自己的目标或做出决定，是因为他们担心自己做出错误的决定。做决定时，他们需要百分之百的安全感。这一点和追求完美的人相似：他们不允许任何错误发生。然而，这是一种错误的看法。一个决定只是一个决定而已，我可以决定做一件事，也可以决定不做一件事。就算是"错误的"决定，也会给我们的生命赋予新的意义，因为我们会从中吸取教训。另外，大多数的错误也都能被弥补。也就是说，当我们意识到这是一个错误时，我们还可以再次做出决定。如果不能再次做出决定，比如我们选择了错误的度假地点，那么就尽量找到可取之处。要知道，在大多数情况下，并不会发生多么糟糕的事情。如果你始终担心，那么问问自己："在最糟糕的情况下会发生什么？"大多数人都不会思考得那么全面，而是陷入恐惧的泥淖当中。请你思考：虽然我不行动就不会迷路，但我也永远到达不了终点。

在这个角度下，关于职业选择，我还想多说两句，因为我在很多年轻人身上发现，他们很难做出职业选择。我想对他们说：

如果关于职业，你没有明确的答案，那么请你思考你的天赋和兴趣在哪里。选择一个领域，这个领域只要能大概契合你的天赋和兴趣即可，你的选择大概率不会出错。任何人都没有办法了解自己真正想要从事的事业，所以其实对于你而言，完全合适的工作也许压根不存在。但是在任何一份工作中，你都可以继续发展自己，然后得到满意的结果。这也与你的勤奋和自律相关，因为成功的喜悦来自行动和持续努力。所有的职业和活动都会有无聊和困难的时刻——重要的是坚持到底。个人的满足感来源于随着时间不断提升的持久力。

设定可实现的目标

与其他人比较是件麻烦事。虽然人们也常说：知足常乐就是美……但是许多不自信的人喜欢和其他人比较，他们认为其他人要比自己更好。这种向上比较让他们举步维艰。很多人很想去体育俱乐部，但是在一开始的时候，他就会错误地扼杀自己的想法，因为他突然意识到，自己在体育场上显示出来的身材和其他人相比肯定非常糟糕。

纳撒尼尔·布兰登在他的书《自尊的六大支柱》中关于"社会比较"这个话题举了一个非常滑稽的例子。他是这样描述的：他看着他的狗，狗在没有任何诱因的情况下完成了一次跳跃。布兰登先生觉得这完全是生命喜悦感的一次纯粹的表达。这可能也是一种他自己的解读，然而，他非常肯定的是，这只狗一定不会这么想。狗会想：我比周围邻居家的狗过得更加幸福！

我认为，劝说别人不要拿自己与其他人相比是没有任何意义的，因为我相信这不可能。毕竟社会比较可以给我们提供重要的方向，并告诉我们自己的定位。当我们身处在社会中时，比较会不可避免地发生，我们不可能不做比较。然而，我们可以减少比较的频率，并且尝试着做有意义的比较。没有意义的比较指的是与能力和天赋比自己高很多的人比较。例如，当我开始学滑雪时，和一个老手比较就是没有意义的，因为他从小就开始学习滑雪。这种错误的比较会让我失去信心，觉得"我学不好"。不恰当的比较会导致一个人变得麻木。因此，重要的是我们要建立实际的目标，即建立在对自己能力有清晰了解的基础之上的目标。首先，过高的要求会让完美主义者极度沮丧。完美主义者对自己有着很高的要求，他们很少相信自己，也会拒绝其他人。他们的目标是不现实的：他们不会行动，因为他们觉得自己能力不够。

因此，我想在这里再次强调：了解自己的强项是什么，接纳自己的极限！设立可实现的目标，只有这样你才有向上发展的可能性。脚踏实地地循序渐进。重要的是要开始第一步。一位学生曾经告诉我："以前，我打算每天学习 10 小时，但我总是会感到沮丧，因为我没有办法完成这个目标。现在，我打算每天学习 6 小时，因为这是可以实现的，而当我实现了这个目标，我就会对自己感到骄傲。确实，我的一些同学可以每天学习 10 小时，但是我并不属于他们中的一员。以前，我总是喜欢与他们进行比较，我觉得自己很差劲。现在我想的是，我要用适合我的方式学习，这样想我感觉好了很多。"

很多不自信的人很难现实地去评价自己的能力。我想再次建议你与自己的朋友、同事或心理咨询师进行一次开诚布公的对话，请他们评估一下你的能力。你的目标是在自己的能力范围之内进步。所以，请以自己为标准，然后尝试着将那些让你感到沮丧的社会比较推至一旁。

自律和成就感

如果你想要稳定自我价值感并提升生活满意度，自律和组织非常必要。很多不自信的人都缺乏毅力和自律。这与他们怀疑自身行为的正确性有关，他们也因此缺乏动力。另外一部分人则是对自己在自律方面的要求过高，他们没有办法放过自己。关于这一点，我将在下一个章节里进行讨论。

如果想要过充实的人生，我们就没有办法逃避自律这个话题，因为不自律的人没有办法提升自己的能力。不自律带来的结果是无法对自己的成就和能力感到骄傲。

提到能力，我不想只从职业和成就的角度来探讨，我会从内在满足的角度思考。知识和理智会让我们感到幸福；通过行动让自己获得更多的能力会让我们感到幸福；深入研究一种主题或提升自己的能力，从而带来更深层次的钻研和理解，这也会让我们感觉幸福。这些幸福，我们通过所谓的心流状态就能获得。在心流状态下，一个人会与自己的行动达成一个和谐的整体。对行动的专注会让他忘却自我，在这样的状态之下，这个人就会与自己的行动合二为一，他会完全投入在此时此刻。我不打算在这里过分探讨已被人所熟知的心流体验，因为这个话题很广泛，对这方面感兴趣的读者可以在网络上搜索相关的内容。我想讨论一下这个主题下的自我价值感话题，因为全神贯注地去做一件事情会让我们成长，并且会让我们与内心达到和谐的统一状态。还有一个重要的方面是，心流能帮助我们控制自己。这是不自信的人经常有的无助感和无力感的对立面，因此，我建议人们全身心投入自己感兴趣的领域。

当我们去做适合自己的事情时，我们会在这个过程中不断提升自己的能力和理解力，创造内在价值，这会提升自信。

但是，只有当我们对自己有自律的要求时，我们才能够提升自己的技能与理解力。我们在获取知识和能力的过程中都有如饥似渴的时候。自律的另一个选择是热情。然而，我很少见到有人可以放弃自律，而只是出于纯粹的热情去做一件事。大多数人包括我在内都会因为懒惰降低自己的努力程度。除了懒惰，自我怀疑也会让一个人失去前进的动力。如果自律没有办法战胜懒惰或自我怀疑，那么很多人都会选择中断自己的学业、工作以及爱好，长此以往就会变得不幸，并对自己感到不满意，最终的结果是所有的事情都半途而废，自己也没能在这个过程中提升和进步。这些人会发现，自己在任何一个领域都没有展现出能力，也就无法产生成就感和愉悦感。

如果你中断了自己的学业和爱好，那么请你分析你半途而废的原因。改变永远都不会为时过晚。后悔是一种有意义的感受体验：它是改变的动力，可以让你维持现在的做法，继续或重新做出决定。这掌握在你自己的手里。请你思考未来的十年、二十年以及三十年：如果你还是像现在这样，那么你未来会有什么样的感受呢？分析半途而废的原因十分重要。检查自己在这个过程中的责任，就算当前的处境对结果产生了一定的影响，你也要阻止自己把原因归咎到外部环境。找找所有你还未使用的行动力。重要的是，你要为自己的决定和行动负起责任。

自律有一个必不可少的助手，那就是计划。当面前有一份安排好的日程需要被完成时，大多数人都能表现得不错。在日程安排里，爱好和项目也应该被计划进去。例如，我想写一本书，我就要把我写书的时间计划进我的日程表中。因为我在早上可以更好地思考和撰写，所以我每天早上会把九点到十一点的时间安排在书桌前写作——不管自己有没有兴趣。兴趣在大多数情况下都会产生，但并不会总是出现，它会在写作的过程中产生，但不会在此之前就出现。我写作并不是出于热情，所以它让我感觉疲惫。我之所以写作，是因为我想表达，想帮助其他人。另外，写作是我赖以生存的事业。如果我确实投入地完成了一本书，那么我会感觉喜悦，并且对自己感到骄傲。这种喜悦持续的时间会比我花费的时间更久，因此我的投入完全值得。喜悦是持久的，而懒惰没有这种持久性。

如果一个人在计划上出现困难，那么我强烈推荐他制作日程表，并且尝试着写下每日及每周计划。我们越是规律地做一件事，越会感到快乐。等待内心的动力或灵感只会让人感到疲惫，并且很难带来成就感。除此以外，那些从事创造性职业中的大多数人也会选择自律，因为他们知道，创意只能在工作中生长，而不会在懒惰中发芽。

我一直对我那些有自律困难的来访者说，拖延要比行动花费的能量更多。我们可以在拖延上花费一天甚至一周的时间，然而正常完成一项工作在一般情况下花费的时间要少得多。除此以外，拖延也有着巨大的弊端，那就是我们会产生负罪感和压抑感，不管是前者还是后者，都会耗费巨大的生命能量。

另外，我推荐我的来访者去完成以下思维过程：设想，当你在白天拖延了一件重要的事情时，你在晚上的感觉如何？如果你完成了这件事情，可以将这种满足的感受与之前的感受进行对比。当我还是学生时，我就会借助这种设想来激励自己学习，这样我在晚上的时候才能心安理得，而我也避免了令人痛苦的 24 小时焦虑，而非不到最后一刻不去学习，只能临时抱佛脚。

夸大的责任感

一部分不自信的人缺少自律与计划，还有另外一部分人因为害怕失去控制，所以拼命努力夸大自己的责任感。他们希望通过追求完美来驱逐自己的低自我价值感。这些人经常把自己累得半死，并且几乎没有办法让自己真正休息下来。有洁癖的女性就是一个很好的例子。她们必须让自己一直打扫，眼里容不得沙子，她们被一种不知名的恐惧驱动，否则就会觉得自己失去了对周边环境的控制，也间接地失去了对自己的控制。

过量的控制欲和过少的自律一样不可取。在控制成瘾的人身上，我们要探讨的主题是放手。"放手"是"抓住"的反义词，根据我的经验，"放手"比"抓住"更具挑战性。不做一件事情要比做一件事情更难，因为行动要比不行动更具体，对操纵的要求更高。另外，对于不做而言，什么时候必须再做这个问题就显得更尴尬、更难。例如，我计划每天腾出半小时与我的孩子互动玩耍，那么，这就比让我搁置工作更具体、更容易被实施。

那些必须时刻行动的人害怕犯错，害怕失去控制，对于他们而言，管理自己的恐惧是十分重要的策略。压制自己的行动欲望通常会让人产生恐惧，因为他们压抑的正是能够对抗恐惧感的行动。这里需要注意的是，比起劳碌奔波，什么都不做更让人感到恐惧。行动对于痛苦的人而言，实际上也是某种将注意力从自己身上转移的方式。另外，这些人很难确定哪些行为是必要的，哪些不是。他们很难将重要的事情与不重要的事情区分开——这也是工作狂的典型问题之一，他们很难排出优先顺序。这与节食类似，毕竟人们不能完全放弃饮食，但是人们必须处理吃太多和吃太少的窘境。所以一个工作过量的人没有办法完全放弃工作。那么到底什么才是合适的尺度呢？

首先，你应该思考，你的动力到底是什么？在你长期工作需求背后隐藏着的是什么？你是否需要真的这样做，否则就会丢掉工作，或者公司就会因此破产吗？如果确实是这样，请你静下心来思考，怎么做才能扭转你和公司的局面。同时请你也再次思考，这份工作和薪水值得你承受其所带来的压力吗？你是否应该进行更深层次的努力呢？

如果你的工作稳定，而你预测到同事之间的竞争压力过大，或者你的上级对于你的期待过高，那么请你思考，是不是害怕失败的恐惧致使你夸大了臆想中的威胁。最好的办法是尝试与同事和朋友交流，来完成尽可能真实的个人情况预估。如实地检查自己的竞争和工作压力。如果可能，也可以与你的上级交流一下。

过于勤奋的另外一个原因可能是，正如上面所提及的那样，你产生了模糊的恐惧，害怕失去对自己及生活的控制。如果是这种情况，请你回答这个问题：你的行动对"掌控一切"究竟产生了多大的影响？我们还是用有洁癖的女性这个生动的形象进行解释——她勤快做的那些家务事真的能够提升她的自信，帮助她过上充实的人生吗？

也许在她的勤快背后隐藏着的是她对生命中无聊空虚的恐惧。或者，她通过忙碌来回避生命中的其他问题，而这些问题是她没有办法解决的。在无聊的情况下，请你思考，你是否可以通过有意义的爱好或活动来填补空虚？

如果你想通过忙碌来逃避问题，那么请你意识到，这不是长久之策。逃避和拖延一样，花费的能量都比解决问题更多。很多"大忙人"有潜在的恐惧，当他们安静下来时，他们就会想起曾经的遗憾，很多时候是失去了某个重要的人。而世界少了一个人，地球照常转动。我的来访者经常会为一个已经过世很久的人痛哭流涕。他们对自己的悲痛感到十分震惊，但是他们仍然忙忙碌碌，无法平静下来。他们逃避流眼泪，但迟早会还回去。比如婚姻问题会强迫自己通过承受其他压力来逃避当前的压力。实际上，通过工作来排解自己的情绪无可厚非，这是一种健康的策略，可以让我们从悲痛中抽离出来。但是问题在于，如果人们不想停止逃避，确实要比解决问题花费更多的能量。逃避的弊端是通过这种方式并不能解决问题。甚至很多时候，问题会因此变得更难解决，就算是驾轻就熟的逃避者也无法装作对问题视而不见。他们会经常陷入后悔的情绪，懊恼自己没有早些开始行动。不仅是在医学方面，在普通人的生活中，"早期诊断"也是行动的最佳时刻。

如果你总是因为害怕犯错误而过分劳累工作，那么想一下，你真的会犯错吗？最糟糕的情况是什么？你真的无法承受这最糟糕的结果吗？另外，你分析这个问题的过程也十分有益，你会去思考自己是否真的需要变得完美或做到最好。做一个普通人，你会觉得更加放松。尝试用一种合理的方式去衡量你的行为意义和个人作用的重要性。

如果你连普通人都不算，你就要尽可能实际地评估自己的能力，也可以听取其他人对你的反馈。一般来说，态度消极是因为你害怕失望。虽然你预防了失望，但是它会影响你勇敢地完成更大的挑战。除此之外，持续的自我贬低和压抑对自身能力的自豪感还会耗费你大量的精神能量。留意你的心理过程，你匮乏的自信心会让你相信自己的缺陷。这一点对所有人都适用：个人能力应该基于能力上限进行评价，而不是根据完美主义的标准！

就算是不自信的人也可以在职业上获得巨大的成功。问题在于他们无法享受自己的成功，而且总是想要再次证明他们被人需要。他们就这样去解决一个又一个的问题，好像没有他们，这件事情就做不成。这会导致他们陷入极度疲惫的状态。最后他们觉得自己好像只有在工作的时候才有价值。然而工作只是我们生活中重要的一部分——大多数人都喜欢做出一些成绩，但是同样重要的还有我们自身的舒适感，以及花时间在个人爱好、家庭和其他乐趣上。每个衡量不好工作重要尺度的人都应该问自己一个问题：当我不工作的时候，我是谁？

开始运动——给懒人的建议

我打算用自述的方式开始这部分内容。除了童年和青少年时期，我不是一个喜欢运动的人。成年之后，我真的很懒，除了去舞厅。当别人提到体育这个话题时，我总是不感兴趣。在我 39 岁的时候，我患上了腰椎间盘突出症，这使我不得不接受手术。从那一刻起，我必须强迫自己定期训练自己的肌肉，因为我不想成为外科医生的常客。虽然我自律运动了几年，但一周也只锻炼一到三次。我对此并不感兴趣。大众媒体一直宣扬运动的重要性，声称人们应该每天锻炼身体，这些话让我感到神经紧张。

我不知道该从什么时候开始通过每天早上跳蹦蹦床来提升体力，以及做拉伸训练。我每天都陷入纠结——是今天还是明天开始我的训练呢？结论是：我发现每天运动要比一周运动一到三次来得容易。原因非常简单，因为现在运动已经变成我每天不需要下决心就能发生的常规事件了。快乐也会伴随着自律成功产生，身材更好了，体力更强了，精力更足了，没有内疚，内心坦然平静。好的身材、体力以及心安对我的自信心也产生了积极的影响。经过训练肌肉让我感受到了真正意义上的强大。因此，我急切推荐懒于运动的读者们尝试开始运动。尽管这个建议有些愚蠢——我曾经也对这种建议毫不在意。但是，我必须得承认，运动对身体有着积极的作用，并且会让你变得更加自信。

跳蹦蹦床运动是个不错的选择，不管你是懒人，还是没有时间或兴趣去运动俱乐部或健身房运动的人，或者是不想在不好的天气里跑步的人。蹦床很简单，因为你在跳的同时还可以看电视或听音乐。另外，这项运动也并不昂贵，并且器材很容易打理，它并不像房间里的跑步机或脚踏机那样没有装饰性。另外，跳蹦蹦床也非常健康：它不损害关节，所以老人或肥胖的人也可以轻松完成。它可以训练很多身体部位，细小的肌肉也可以照顾到，并且可以促进淋巴系统循环。我非常抵抗运动的母亲也在 82 岁时开始了蹦床运动（蹦床里面可以安装扶手）。她在跳蹦蹦床这个运动上收获颇丰——所以运动什么时候开始都不算晚。

另外值得一提的是，从自我价值感的角度来讲，运动，特别是跳蹦蹦床运动，可以改善心情——跳跃运动在我们的大脑中与愉悦感和好心情关系密切。也就是说，跳跃运动可以对抗抑郁。

如果你踏出了第一步，在跳蹦蹦床这项运动上获得了乐趣，那么你可以继续尝试做一些力量和拉伸训练，这些训练你不借助器械也能毫不费力地完成。你也可以使用哑铃或壶铃，这些器械可以让你在练习中多一些选择，不会感到无聊。

很多对运动不感兴趣的人都觉得瑜伽能给人带来乐趣。瑜伽是一项很棒的身体训练。如果你没有时间或没有机会参加瑜伽课程，你也可以通过阅读瑜伽书来自学。

　　好了，这些就是给懒人提供的建议。一些读者应该已经知道他们可以进行哪些运动了。总而言之，身体运动以及因此提升的肌肉力量与健美的身材对于提升自信有着积极的影响。

第十一章 感受

在这一节中，我想探讨"感受"这个主题。很多不自信的人很难处理自己在不同情境下过强烈或过微弱的感受。正如我经常提起的那样，他们无法与自己的感受建立联系。在特定的情形下，他们有时候会表现得过于冲动、过于沮丧或者毫无感情。他们要么过分压抑自己的感受，要么过分夸大自己的感受。关注自己的感受很重要。因此，我也总是推荐我的来访者在日常生活中经常与自己对话，并且尝试着问自己一个问题：我现在的感受如何？

我们只有承认自己当前的感受，才能合理地处理感受。例如，如果我（在潜意识层面）不允许自己发怒，那么我就几乎没有办法接受任何情况下的愤怒，我会压抑愤怒。这样一来，愤怒并没有从我的身体中被驱逐出去，只是从我的意识旁边走过，寻找其他可以发作的地方，例如形成心理疾病、抑郁、冲动性的愤怒爆发或者负面的攻击性。然而，这些情形并不在我的控制之下。如果我想找到一条与自我感受和谐相处的路，那么我首先要做的最紧迫的事就是承认自己的感受，然后我要去思考我产生这种感受的原因。重要的是我要找到感受、思维以及其他人类活动之间的关系。接下来，就是要处理个别的情绪并且解释清楚感受、思维以及行动之间的联系。

恐惧

恐惧感的表现是不同的，例如它会产生紧张、神经质或抑郁，会导致不自信。因此，战胜不同情形下的恐惧是这本书的主线。但是，我依然想在这个章节探讨一下这种情绪。然而，我讨论的重点不是医学方面的恐惧，例如惊恐症或扩散性的恐惧失调，因为这已经超出了这本书的范畴。受概念性的恐惧症困扰的读者也可以在这个章节中获得启发。

恐惧是一种指向未来的感觉。人们只会对没有发生的事情产生恐惧，比如对于会引发焦虑的事件，人们会感受到疼痛、羞耻，当然也会感受到轻松和骄傲。恐惧感对生存有意义，因为它会针对危险的情形对我们发出警告，让我们小心行事。因此，恐惧从原则上来讲是一种意义重大的感受。但是糟糕的是，不自信的人经常会在客观上毫无威胁的情形中产生恐惧感。这指的是我们臆想出来的损害自我价值感的情形，或者换种批判性的说法就是，这些情形可能会损害我们自身。因自尊心出现的恐惧指的是让我们感到威胁和丢脸的事，或者预感发生的失败，比如遭到他人的拒绝。

正如其他的感觉一样，我们内心对于某种情形下产生的恐惧的态度极其重要。一个事件并不一定会让我们产生恐惧，让我们产生恐惧（还有愤怒、喜悦、悲伤等情绪）的是我们对于事件的想法。但是，我们没有办法预先判断出这些想法。因此我们总是认为，让我们产生恐惧的是事件，而不是我们此刻的想法。例如，朱利安娜想象着自己必须在公众面前进行汇报，她的心跳就会加快，她的手就会出汗。这种身体上的反应好像是自动的。她觉得她害怕的是汇报以及那些听众。

然而这是错误的。事实上让她产生恐惧的是她自身的想法。当她幻想自己站上舞台时，心里想的是："我做不到，我会脸红，然后结巴；我肯定语无伦次；我会在舞台上丢脸。"这才是让她感到恐惧的源头，而不是事件本身。其实每个人都会对当众讲话感到害怕。但现实里，很多人不仅能从容面对，甚至还可以从中获得乐趣。朱利安娜因自己设想中的情形产生了恐惧的情绪，这让她拒绝了老板提出的请求，也因此阻断了自己的职业之路。

帕特里克完全不害怕当众讲话，所以他接受了这项工作。他非常自信，恐惧在他心里没有任何位置。他觉得自己可以轻松应对这个场景。所以，针对这次汇报，他只准备了一些笔记，因为他完全可以在公众场合随性发挥演讲。他感觉这是自然而然发生的事情。他非常了解自己的专业领域，他觉得一张写着关键词的字条对他来说就已足够。然而，当他站上舞台，灯光聚集到他身上的时候，他突然感觉膝盖发软，心跳加快。突然之间，他的脑海中出现了可怕的情形：他无法发出声音，昏厥，老板觉得他是一个不中用的人，等等。他多么希望能马上逃走。他克制住了自己的冲动，但自己在舞台上的表现并不尽如人意。如果帕特里克在此之前承认自己没有自己想象的那么优秀，他就能避免这种情形。他原本可以准备得更好。

朱利安娜没有完全意识到自己的脑中盘旋着失败和丢脸的想法，这才是她恐惧的原因所在；而帕特里克认为自己很优秀，隔绝了并且压根没有意识到自己的恐惧和因此产生的一些想法。在真实中的场景中，这些症状会更加严重。

学会与自己的恐惧相处，意味着接受自己的恐惧。这也意味着我们要将它作为自己的一部分。一个人越是蔑视并且在内心抵制自己的恐惧，恐惧表现得就会越剧烈，敌对的态度会让恐惧更加肆意。当我们遇到这些情形时，症状会加剧：一方面，这源于自己对做汇报的原始恐惧，另一方面，自己的态度又会加剧症状的出现，也就是说，人们会为自己的恐惧感到羞耻。虽然听起来很矛盾，但是与自己的恐惧建立起放松的关系非常重要。这可以帮助人们接受自己的恐惧，正视这种恐惧，并且邀请它与自己同行。通过这种舒适且友好的与恐惧相处的方式，我们会找到舒适且友好的与自己相处的方式。自我接受才是平息恐惧的合理处理方案。

除了毫无保留地接受自己的恐惧，不管是朱利安娜还是帕特里克都还需要采取特定的措施，即弄清楚以下几点：这是一个怎样的情形（在这里就是"在公众面前进行汇报"）；当我想象这种情形时，我的感受是什么；我为什么会有这种感受，即我产生这些感受时的想法是什么（我要去识别出让我感到恐惧的想法，如果我意识到这一点，那么我就可以有目的性地采取行动）。朱利安娜可以通过以下的方式来梳理自己的想法：

第一，"我会脸红，开始结巴。"事实上，脸红是一种我们无法克制的反应。问题是，在汇报的时候脸红，这种情况真的糟糕吗？大多数人都有对做汇报的恐惧，他们对此会产生同理心，或者至少觉得这种情况并不糟糕。朱利安娜完全可以接受自己脸红的事实，例如她可以这样对自己说："只要我进行汇报，我就会脸红，但这并没有什么大不了的。我承认我会出现这种反应。"另外，结巴也不过是呼吸机能上的问题。当我们情绪激动时，我们会倾向于忘记呼吸。这很容易让我们呼吸急促，这样就会产生结巴的现象。对此，朱利安娜可以做一些练习，比如定期进行吸气和呼气训练。另外，她可以通过大声朗读自己的汇报或者在自己的朋友或家人面前"彩排"的方式，来克服自己对做汇报的恐惧。通过这种方式，她不仅可以熟练地进行朗读，还会对这些声音感到熟悉。这会让她在登上舞台的时候平静下来。

第二，"我肯定会语无伦次！"朱利安娜在面对这个事件时可能会产生这个想法，她其实可以通过将发言稿书写下来的方式来整理思路，因为最后她实际上只需要让自己将准备好的东西呈现出来即可。只要准备得很好，那么她就算在紧张的情形下也可以通过"自动驾驶"的模式完成汇报。这意味着，如果人们对于自己的汇报内容足够熟悉，就算内心因为恐惧的想法翻涌奔腾，也可以完成汇报——这就好像人们就算在走神的情况下也能够完成日常的工作。

第三，"我做不到"或者"丢脸死了"这样的想法也完全可以通过第一和第二个想法来瓦解。

从根源上来讲，恐惧还跟无助的感受紧密联系在一起，所以我们觉得恐惧及其症状诸如发抖、出汗、脸红，以及无助感是没有办法克服的。我们会觉得把自己交给了恐惧，这是因为我们的大脑只会用石器时代的方式来应付恐惧：逃跑、攻击或装死。然而，在现在的文明时代里，我们几乎没有办法用这三种方式做出反应的同时还不丢脸，我们必须在让自己产生恐惧的情形中思考，如何用其他策略来克服所感知到的无助感。

你要意识到，你究竟对什么感到恐惧，以及你如何应对因恐惧产生的想法和内心场景。正如上面的案例一样，我们可以有目的地采取措施，但是我们要找到合适的措施。例如，你可以认为你"内心的照相机"是在对自己聚焦，而不是对大众，这一点我在前文中有过描述。我们也可以通过将自己的内在小孩捧在手心并用鼓励和安慰的话语让他平静下来的方式进行处理，这也十分有帮助。另外一种有效的方案是，你可以将其他人以及站在你对面的浸入阳光中，这样也可以改变你对于恐惧情形的内心场景。有时候设想对方正在上厕所，这也会帮助你。不管通过什么样的视觉化手段，我们只要可以降低这种情况对自己的威胁感即可。

正如我已经提到的那样，内心恐惧的人总是在想象最糟糕的情况下会发生什么，他们认为这十分重要，因为他们经常无法得到这个问题的最终答案。我在心理治疗诊所曾经接待过一名年轻的警察，他的恐惧伴随着惊恐的想象，他觉得自己可能会无意触犯交通法规，并且被定义为肇事潜逃。这种恐惧总是让他尽量靠右行驶，他也因此非常仔细地检查自己汽车的事故痕迹。另外，他几乎不敢在空闲时间里开车。在与他对话的过程中，我并没有发现他的童年故事里有着对应的经历，这种恐惧隐藏得很深，比如对失去控制的基本恐惧。他看起来好像被他的恐怖症局限住了。我最后问他，最糟糕的情况下会发生什么，他立马回答道："我会弄丢我的工作！"我又问他："然后呢？"在这个问题上，他语塞了——他不敢回答这个问题。但是他放松了下来，再次回答："那我也得继续生存下来！我需要另外找一份工作！"突然之间，他的恐惧就消失了，他决定马上开车去城里兜一圈。我肯定了他的决定，并且向他保证，如果他还有需求，可以随时跟我预约咨询。然而，他再也没有来过，我再也没有听到过跟他相关的任何消息。

我的一名来访者害怕做汇报，我也向她提了一个"最糟糕的情况是什么"的问题，她回答道："我想最糟糕的事情是，我哭着从大厅里走了出来。"然后她发出爽朗的笑声，因为她觉得这画面非常好笑。每当她在做汇报之前感到紧张时，她就会想象这个情景，然后觉得十分搞笑。幽默有时候是治愈的能量。

重要的是，人们要能够接受自己的恐惧。逃避产生恐惧的情形只会导致恶性循环的产生，通过逃避并不能产生治愈的经历，因为人们并没有管理好自己的恐惧。而且，逃避只会产生越来越多的恐惧。因此，直面恐惧十分必要，并且我们要直面恐惧，直到恐惧消失。整个恐惧过程最多会持续半小时，接着，身体会释放出所有的应激激素，比如肾上腺素和皮质醇，压力的储存盒会被清空。其实，我自己也受到这该死的恐惧的困扰：当我在其他人面前弹奏钢琴时，就算是在我的朋友面前，我的手也会发抖。所有我设想出来的抚平情绪的积极想法好像都起不到任何作用，就算我理智地觉得，自己弹钢琴只是为了满足自己的野心或尴尬的虚荣，也同样毫无作用，我的手还是会不由自主地发抖。另外，我也会思考最糟糕的情况是什么，这同样无法让我感到安心，我的感觉确实很差。而和其他的恐惧相比，这种恐惧又显得十分可笑。并且我自己还是一名心理咨询师，其他的人会怎么想我呢？

所有那些看起来有益的策略碰到我弹钢琴时都没有用了，那么我只剩下一个选择：我会强迫自己弹奏，时间足够长，直到我的恐惧消失。这个时间最多持续半个小时，然后我就可以自如地弹奏。当然，在此之前，我亲爱的朋友们必须忍受我失败的现场演奏。

攻击性

攻击性在自信这个问题上扮演着非常重要的角色。不自信的人或强烈地压抑自己的攻击性，或失去对攻击性的控制力。大体上我们可以说，攻击者中的"和谐派"过于压抑自己，而他们中的"叛逆派"则表现得过于冲动。

攻击性及愤怒有着关乎生死的意义，它们会在我们受到威胁时保护我们，提醒我们做出防御，在极端的情况下甚至能够挽救我们的生命。然而，在文明社会中出现的问题是，我们受到威胁且必须做出反抗的情形并不那么明确。例如，如果有人打算撬开我的头颅，那么此刻十分清晰：我可以并且必须做出反抗。但如果一个熟人不跟我打招呼，或者我的伴侣挑剔我，又或者我的同事忽略我的建议呢？很多不自信的人都会受到这类怀疑的折磨，他们纠结自己是否真的理解了同事、伴侣、上级的行为和语言的意义。他们并不确定是否应该对某个人做出攻击，或者他们很确定，但是觉得自己在处理的过程中没有任何机会，因为对方地位更高。他们打算消除自己的愤怒，并且希望所有的事情都得以澄清。因此，很多不自信的人会压抑自己的愤怒，并选择沉默。然而，正如我多次解释的那样，这种做法不会让愤怒消失，只会让愤怒积攒并寻找发泄出口。

因此，对于害怕恐惧的人来说，意识到自己的攻击性十分重要，这样一来，他们就可以以一种健康的方式和自己及他人相处了。对于害怕冲突的人，愤怒是一种尤其危险的情绪，因为这种情绪包含了毁灭的成分。他们不希望毁灭什么东西，只想维持现状，被他人喜欢。因此，他们压抑了自己合理的攻击性。然而，他们总是在潜意识里把攻击性指向自己，长此以往，他们就会产生身体上的疾病或抑郁。他们或者会选择暗地里释放自己的攻击性，比如他们会选择在其他地方报复这个人，以至于对方没有办法辨识出这个行为与报复行为之间的联系。又或者，他们会采取消极抵抗的行动让对方碰壁，比如他们会偷偷地减少与这个人的联系。他们不会直接面对，而是选择其他方式，他们会变得易怒或倔强。

如果你属于无法感受或压抑愤怒的类型，那么实际上与这种感觉建立更好的联系是更好的做法。你要先允许自己接受愤怒。你应该意识到，愤怒和攻击性都是你的感受，并且可以帮助你尊重自己和他人。另外，愤怒也是一种脱离消极关系的重要方法。心理学家据此提出了"分离攻击性"。这种表达原本用在早期的母亲与孩子的关系身上。一个孩子需要攻击性来发展自我独立性，尤其是在反抗阶段，孩子会努力捍卫自己的独立性，因此他需要分离攻击性。他们会愤怒地拒绝或反抗自己的母亲，为的是保持自己的主张。我们成年之后，也需要一定程度的分离攻击性，以更好地与伤害我们的人保持健康的距离，在必要的情况下，我们可以选择离开这个人。

如果没有一定程度的攻击性，我们就没有办法过由自己决定的生活。攻击性给了我们力量。我经常在与攻击性受阻的来访者的对话中感觉到，如果我是他，我早就愤怒了。例如，他们说自己的伴侣是如何不尊重他们，如何肆无忌惮，然而他们只会感到悲伤。然后我就会问他们，伴侣对他们缺乏尊重，难道不会让他们感觉愤怒吗？很多人敷衍地回答，会，但是他们感觉自己很无力。我请求他们关注自己感受到的愤怒，并且给这些愤怒空间。这些来访者经常会改变他们的态度，他们会振作起来，变得强大。在这个时候，自怨自艾的情绪会消失，他们会选择反抗，给这种情绪腾出空间。

我曾经提到过，及时反抗是多么重要。我们不要让愤怒的情绪在内心聚集太久。很多人会在内心聚集自己的愤怒，直到愤怒多过恐惧。然而，因为恐惧水平也很高，为了战胜恐惧，他们需要更多的愤怒推手——接下来，局面会变得一发不可收拾！对方往往还会觉得奇怪，因为他并不知道这个人在内心已经积聚了很久的愤怒。这种延迟策略清晰地展示了愤怒是战胜恐惧的有效情绪。然而，愤怒应该穿上尽可能文明的表达外衣，并且最好不要一下子冲上最高值，因为这种情况只会带来毁灭性的后果，而不会带来弥补性的影响。

对于那些无法正确感知自己合理愤怒的读者们，我想给你们以下建议：

第一，走进自己的内心，感受究竟是什么样的行为让你产生了愤怒。请认可这种感受。

第二，观察自己的愤怒。他人做出了什么行为让你感到愤怒？

第三，请你分析，愤怒是否也有你自己的原因。它确实是合理的吗？还是说，这种愤怒可能源于你的自卑感或早期的相关经历，只不过又转移到了当前的行为上了？

第四，请你检查，你通常的态度和行为是什么：退缩、悲伤、害怕争吵和失去、沉默、报复？或者你会尝试着有意去平息自己的愤怒，这样你就不会感到愤怒了吗？

第五，请你思考，你怎样才能用合理的方式向对方表达你的愤怒。你可以在前面关于交流的内容中找到大量的有效策略。

请你意识到，愤怒和恐惧总是以对立的立场呈现。你的恐惧总是会阻碍健康的攻击性，你会担心自己做错事或被拒绝。请你意识到，这种瓦解愤怒的方式并不公平，你完全可以在合适的时间进行开诚布公的对话。你越早承认自己的愤怒，就越可以有建设性地表达自己的恐惧，而对方也能得到一次机会。即使这并不管用，你的愤怒也可以帮助你从这段关系中脱离。

现在我想要探讨冲动型的人，他们希望将自己的愤怒控制住。这个问题的背后是火爆的脾气，这类人往往并不了解自己愤怒的真实原因。他们的刺激反应阈值非常低。这意味着他们很容易就"着火"了。他们很难察觉到自己会迅速地对表面的愤怒诱因进行思考和解读并做出反应，这就是愤怒的推手。在虚假的诱因以及易怒的反应之间存在着一个盲区。在愤怒这个自动化程序启动之前，我们应该认识到这个盲区。在所有这些负面的被唤醒的状态中，重要的是尽可能管理好"预热阶段"。如果我们在一开始就没能控制住，一般情况下也没有办法在后面刹车。盲区指的是这种情形下我们的主观解读。例如，存在诱因 X，即有人对我提出的某个意见，我们经常快速并且无意识地给予个人的解读。在这种解读之后，我们将产生冲动性的反应。这种诱因也可能只是周围人给出的善意的评价，而我们会将此解读为人身攻击。这种负面的解读会对我们造成很深的伤害。

我曾经有一位来访者，她之所以到我这里来进行咨询，是因为她经常对自己两岁的孩子表现得暴躁且具有攻击性。随后，我们共同分析了她产生攻击行为的具体情形。我们很快得出了结论，孩子的行为被她解读为对她的个人否定。所以，她会将儿子的某个眼神认为是针对她个人的攻击："现在他在用挑衅的眼神看着我。

他完全不尊重我！"随后，她便臭骂他一顿。她不知道的是，让她感到生气的不是她儿子的眼神，而是她的个人解读。

我多年以来的经验告诉我，在大多数情况下，愤怒的爆发或者恶毒的评价的来源是自己容易受到伤害，跟对方是否客观没有关系。所以，如果一个人想要控制住自己冲动的情绪，他就应该处理自己容易受到伤害的状态。或许你还记得我在这本书开始时描绘了不自信的人有着持续的内在伤口。在特定情形下，强烈的愤怒是因为存在深度的伤害，这与当前的情形关系不大，它只不过是因为这个情形被再度激活。例如，如果一个人因为自己早期的童年经历而感觉自己被拒绝，那么他并不需要唤醒这种感受。就像上述母亲的案例那样，她在潜意识层面里将自己早期的童年经历和她与儿子之间的关系混淆了。如果你属于这种类型，那么我推荐你进行以下步骤：

第一，识别出你暴怒的典型情形。搜寻你的记忆，找到具体的曾经经历过的场景。在这些具体的场景里，我们最好能够分析这种刺激—解读—反应模式。请你在一张纸条上记录下你假想中的攻击你的人究竟说了或者做了什么——尽可能客观。写下你是如何做出解读的。然后记录你是如何做出反应的。

第二，尝试着找出这些情形中的共同点，也就是主线。你也许就会发现，这些情形基本上是你感觉自己被贬低、被忽视和被拒绝的场景。寻找生命中持续存在的内在伤口。究竟是哪些人生故事中的深刻伤口，让你可能产生这些剧烈的反应？

第三，如果你识别出了这些痛点，那就请你作为"友好的成人"将自己的内在小孩捧在手心，抚摸着他在童年时期产生的伤口。但是也要明确地告诉这个孩子，当他下一次感觉受到攻击时，你会帮助他处理这个情形。

第四，试着为未来会遇到的情形做好准备，你要清醒地意识到，你的内在小孩把早期的伤害转移到当前的情形上来了。你要学会区分这两个部分，也就是过去和现在的自己。

第五，整理出成人的策略，即你如何才能在未来处理好这类场景。重要的是，你需要将成人也就是理性的部分整理出来。

第六，请你记住一句中国的俗语："小不忍则乱大谋。"

不管是压抑愤怒的人还是暴躁易怒的人，我们都需要尽可能地找到与自身攻击性相符的稳重的处理方案。我们越是了解我们内在的伤害、愿望、动机以及伴随而来的情绪和想法，就越能很好地管理好它们。

悲伤和抑郁

抑制恐惧的情绪以及抑郁的经历经常是不自信问题的副作用。害怕失败一般被认为是基本的生活恐惧。恐惧和抑郁总是手牵着手并行，因此人们也总是把它们称为恐惧类抑郁经历。与此相对的是一种因现实中有所失去而感到的悲伤，例如爱人的去世。

那么抑郁的经历和正常的悲伤反应有什么不同呢？首先是具体的诱因。如果一个人感到悲伤，那么他会知道自己悲伤的原因。导致悲伤的是经历失去。这种失去源于不同的生活方面，例如人们会因为亲人去世、宠物死亡或者丢失了珍爱的东西而感到悲伤；也可能因为没有达成个人的成就或没有获得认可；也可能因为健康受损、年轻不再以及物是人非而感到悲伤；也可能因为个人受到伤害以及被人拒绝而感到难过。悲伤的人知道自己为什么悲伤。他的任务是战胜自己悲伤的情绪。

而抑郁式的悲伤则并没有剧烈且具体的诱因，起到决定性作用的是早期生活的经历与伤害，这除了会导致个体产生较低的自我价值感，还会引发诸多的副作用。

抑郁经历也并不是源于生动的悲伤或难过感受，其形势更为糟糕，是源于内心的空虚感。这些人经常希望自己能感受到悲伤，因为这至少还是一种生动的感受。这种说法有着心理学的含义，同时也是一种自我保护的"装死反应"：整个内心的神经系统达到了前所未有的低水平。抑郁关上心门，它几乎感知不到任何疼痛——就好像身体到达了昏厥状态。

轻微抑郁的情绪仍然拥有多彩的颜色，受到影响的人还能在整体上拥有完整的行动能力，直到所谓的抑郁障碍产生，也就是重度抑郁。如果一个人已经到了重度抑郁的程度，那么这个人基本上就没有任何行动力可言了，他无法起床，完全没有动力。有的时候他甚至缺乏自杀的动力，当然这也是幸运的。这个人经历的是精神无力的痛苦状态。

前些年我们经常在媒体上听到的"倦怠综合征"就是抑郁的一种变体。这指的是一种所谓的精力耗竭性抑郁。它产生的原因是长期且极度劳累，不管是在工作还是在私人生活中，患者都想呈现出最好的一面，然而他又很少有成功的经历。这里指的是主观或长期客观的结果，并且患者承受着无法克服的压力，这会引起精力耗尽以及内在空虚和无力感。

抑郁的共同特征在于当事人内在的"无助"状态。他们感觉自己无法做出抵抗，所以感觉自己是无助的，因此低自我价值感就是最好的温床。因此，在这本书中，我非常重视给不自信的人提供行动策略。行动是抑郁的对立面。只要他们认为自己可以影响自己的命运，他们就能保持活力。然而，如果我主观上觉得我没有任何机会，那么我就可能产生绝望的情绪。绝望也是"抑郁"的近义词。起到决定性作用的还有一个词——"主观性"。抑郁的人因为自己的低自我价值感倾向于变得无助。如果一个人主观感知到自己没有价值，这源于他没有能力自我防御的主观评价——他们不允许自己做出反抗。因为这种感知到的无助感，抑郁经历会让一个人无限贬低自己的价值。

从原则上来讲，抑郁只是低自我价值感的夸大状态。这意味着低自我价值感的基本症状如自我贬低、无助感、害怕失败，会在抑郁的状态下被放大。他们不会选择去战斗，他们宁愿自我消化、撤退甚至装死。从这个角度而言，攻击性的作用再次变得明显：攻击性是抑郁的对手。攻击性会让我们变得具有行动力，它给予了我们力量。一个陷入抑郁的人不会感知到攻击性，他觉得自己没有力气、无助和绝望。然而，这并不意味着他的内心没有攻击的欲望。他的攻击性只是被内化了——他找不到健康的表达方式。在抑郁的状态下，健康的攻击性被扼杀在了内在空虚的真空状态下。这时攻击性就指向了自己以及周围的环境，让一切都失去意义（也许首先就是他的生命）。

莱奥妮是一名 36 岁的老师，她因为患抑郁症到我这里来进行心理治疗。她描述自己没有力气、没有动力，感觉自己很失败。她感觉不到生活的乐趣，没有什么活动可以让她感到快乐。她感觉所有的事情都让她感到疲惫和不快。

莱奥妮在埃菲尔山下的一个村庄里长大，是一名独生女。她的母亲是一位友好但柔弱的女性。她的父亲"严厉，但是公正"，他希望自己的女儿是完美的，不管在学业、体育还是音乐上。莱奥妮了解她的父亲，她的父亲有严格的规矩，莱奥妮基本上没有可以自由成长的空间。她的母亲要比父亲亲切得多，然而她不会反抗丈夫，所以她也没有办法保护莱奥妮不去完成那些严格的要求。在莱奥妮的心中，她的母亲是一个柔弱的人。父亲给了莱奥妮很大的压力，且没有任何商讨的余地。她最后也不得不屈服于父亲的要求。尽管母亲偷偷地安慰她，并且在父亲背后给她一些自由的空间，但是这在本质上并没有减轻莱奥妮的压力。当莱奥妮处于儿童和青少年时期时，她几乎没有办法执行自己的意志。所以，她也没有学会自我主张。但是，她学会了满足他人的期望和自律，她学会了听话。这无可厚非，但是她同时应该学会按照自己的意志做出决定，学会如何适应环境，如何自己承担责任。然而，因为长期以来在需求和自我意志压抑上的训练，她缺乏行动力。因为童年的经历，莱奥妮不知道如何与自己的期望和感受相处——她也很少重视这一点。

成年以后，她会努力满足他人对自己的期待，不管是在工作上还是私人生活领域。她继续压抑自己的愤怒，她学会了："振作起来毫无益处！"在她的婚姻里，就像她的母亲一样，她继续满足丈夫的期待。在工作上，她努力做到最好。另外，她还自愿承担起了很多义务。莱奥妮总是第一个奉献自己、提供帮助，并且不要求任何名誉职位。她对自己提出了过分的要求，以满足其他人的期待和义务。她将自己与父亲的关系内化，以至于她现在不需要任何监督，就能按照这个标准执行。莱奥妮的内在小孩不知道自己已经自由了，她没有意识到父母已经不在身边，她已经长大，可以做出反抗了。莱奥妮习惯性地压抑自身的期望，总是为他人提供服务。因为和她的父亲相比，她的丈夫形象更加雄伟，所以，除了在工作领域奉献，她不自觉地还隐藏到了她丈夫的背后。这种与日俱增的疲惫感和无力感使她的身体产生了巨大的压力。她无法按照以前的模式进行下去了。

莱奥妮的故事是无数种可能性中的一个，也是抑郁产生的典型版本。抑郁的产生总是伴随着"抑郁个性结构"。标志是自我价值感低，自我感受和需求的通道受阻，以及缺乏行动力。有强烈意志的人很少会产生抑郁情绪。他们会给自己设定目标并且为之奋斗。他们利用自己的行动空间，从积极层面上来讲，这就是他们攻击性潜能的体现。但是，不自信以及抑郁的人会因此退缩。他们认为，主张自我不可行，这是一种自私的行为，而攻击则是不好的表现。这两种想法都是错误的。在合理程度上的行动力以及攻击性都是正确的。例如，如果莱奥妮一直这样持续下去，那么她的婚姻会破裂，她在工作上也会精疲力竭。谁会是受益者呢？在这种错误的谦虚态度之下，莱奥妮和周围的人又能获得哪些好处呢？

问题在于，长期压抑自我需求迟早会带来失败，这既会体现在工作上，也会体现在个人生活领域。如果自我克制演变成抑郁，那么这种失败就会变得特别清晰：一个始终努力着把所有事情都做对的人会突然崩溃，一切都无法继续。因此，坚持自己的主张和照顾自己显得十分有意义，他在这个过程中不需要总是思考他人。这样一来，会给自己充满，也会长久地被社会接纳。关心自己是对自我负责任的一种成熟的方式，因为我们应该为自己担起责任，而不是希望某个人出现帮助自己逃脱命运的安排。

　　抑郁的人在潜意识层面隐藏着集中的攻击性。我在对莱奥妮进行心理治疗时也发现了这一点。她的抑郁让她在潜意识层面否定自己。否定自己，对自己说"不"，正是她在正常情况下不敢去做的事。在对话的过程中，莱奥妮清楚地发现，她的抑郁实际上是被动反抗的一种形式。通过她高度的适应意愿度，她在自己的内心叠加了大量冷酷的愤怒，也就是消极的攻击性，这种攻击性转换成了抑郁，因为莱奥妮并没有学会如何有效地与自己的攻击性相处。就算莱奥妮大多数情况下会陷入抑郁状态，这也只是给她带来"好处"，让她能够平静下来。她的抑郁让她感觉到一定程度的疲惫，她因此甚至突然能对别人说"不"。不是她不想说"不"，而是她不能。在潜意识层面，她将抑郁作为不能正常工作生活的理由。同样，她也会在潜意识里报复自己的丈夫，以及其他让她自愿屈服的人。并且在对话的过程当中，她越来越清晰地意识到了这一点。

　　接着，莱奥妮开始尝试着对自己的感觉负责。她学会了关心自己，给自己提供休息和恢复的时间。这带来的结果是，她不会再全盘接收所有的事情，也会拒绝某些请求。但是，身边的朋友仍然可以与她亲近，所以大家也能更好地知道如何与她相处。莱奥妮放弃了自己的生活会在某刻突然发生改变的希望，开始掌控自己的命运。当她愤怒的时候，她不再排挤这种情绪，而是去处理自己对他人的愤怒。通过这种方式，她发现了沟通的好处，并且比起自己原本的设想，她对自己所关心的事情有了更好的理解。莱奥妮的内在小孩了解了，不是所有的人都像爸爸一样，还存在着其他可能性。这个成年女性清楚地意识到，她在潜意识层面走着母亲的老路。莱奥妮开始建立自己的价值标准。在改变的过程中，她惊喜地发现，自己的丈夫非常欢迎这种改变。在共同的对话中，他们得出了结论，之所以丈夫总是扮演着主导性的角色，是因为莱奥妮在这段关系并没有表达出明确的期待。现在，莱奥妮更多地说出了自己的想法，这让丈夫感到轻松，他也不再需要去解读她的想法，他也解读不出来，不管是莱奥妮自己从前的烦恼还是他导致的烦恼。

羞愧和耻辱

羞耻心是一种我们能够体会到的深刻的现实感受，它会从头到脚席卷我们。羞耻心可以帮助一个人融入团体，但如果一个人持续因为细小的缘由而感到羞愧，那么羞愧的意义就不大了。然而，这也是低自我价值感最让人感到不舒服的一种伴随现象。羞耻心重的人总是恨不得希望自己钻到地里去。他们宁愿逃避他人的目光，最好自己压根不在他人面前，这都体现出了羞耻心是多么现实，并具有威胁性。

与其他感受不同的是，羞耻心总是指向对方。羞耻心一直与

"被看见"有关系。其他人贬低、嘲笑以及鄙视的目光会导致我们感到羞愧。另外，不管这个目光是真的指向我们还是我们的想象，都并不重要。最终发生的是，我们在内心想象出有人见证了我们的失败，而愤怒或者恐惧也会因为其他情绪的出现而产生。例如因为害怕生病和死亡，或者洗衣机坏掉而愤怒。羞耻心与其他情绪的反应密切相关，就算这些情绪只是在我们头脑中游荡。因此，不自信的人也特别容易感到羞耻。羞耻心会伴随着自己的弱小和力量不足而产生。

羞耻心是一种社会性的威胁。羞耻心的狡诈之处在于它没有出路。如果我们感到羞愧，那么为时已晚，几乎没有任何可逆的可能性，正如负罪感不存在弥补的可能性，因为当一个人感到羞耻时，他自己就是那个受害者。严重的羞耻心也没有诉讼时效。就算一段令人羞耻的经历已经过去多年，当我们回忆起来时，依然能够感受到羞耻心的灼热度。

当人们有着一个可见的污点，或者无法达成想要的成就时，羞耻心就会产生。当人们忘记拉上裤子上的拉链，或者在考试中失利时，他就会感到羞耻。这些都是失败的具体诱因，何况证人和知情人都在场。尴尬的是我们暴露了自己的缺点；是我们没有满足社会对我们的期待；是我们被嘲笑、蔑视、愚弄或贬低。当这些情况产生时，每个人都会感到羞耻。而不自信的人特别是当他们感到极度不安时，这种感受会加剧："我的存在就是个错误！"

犯错及不满足对于他们而言是一种生活感受。他们的身上有着一道我经常提及的慢性伤口，这道伤口不需要撒盐就会灼痛，会导致他们产生强烈且扭曲的自我认知。对于某些备受折磨的人来说，当他们踏入一间站满人的屋子时，他们就会感到羞耻，因为其他人看到了他们。

然而，如果我觉得自己是一个错误，我就不会想被其他人看见。错误不断强化之后会增加羞耻的程度。现在，人们看到的不仅仅是他们身上的错误，还有自身的不安感。"皇帝的新衣"无法对他们起作用。他们会产生深刻的无助感，只有当自己在空气中消失时，这种情形才会缓解。这样的表达也展示了，羞耻心有着怎样现实性的毁灭意义。如果我们现在设想，不自信的人特别是极度不自信的人在内心深处觉得自己不好，那么从心理学上来说，他们就会为自己的存在而感到羞耻。一方面，他们想要抹除这种存在性的羞耻，他们会尝试着尽可能将所有的事情做对；另一方面，他们也完全不想展示自我。对于他们而言，隐身帽就是他们最重要的衣服。不管是追求完美还是玩捉迷藏的游戏，都需要花费巨大的人生能量。因此，这些人会经常感到自己备受压力和疲惫。

我有很多来访者都受到了存在性羞耻感的折磨。而且他们经常没有意识到其影响有多大。表面上，很多事情让他们感到尴尬，他们总是在思考自己给其他人留下的印象。他们不清楚的是，自己的羞愧是被某种原因激活，而不是由自己给别人的印象引起的。

急剧增加的羞耻感是父母向孩子传递的。父母没有给他们树立正确的方向。他们在孩童时期就认为自己不够好。他们从自己的父母，可能还有兄弟姐妹、其他孩子以及老师身上遭遇过很多贬低经历。他们经常把这种贬低转移到外表，例如他们肥胖、高度近视或者身体有残缺。

有羞耻心的人发生了内在程序的错误。通常而言，这是他们应该去关心的唯一错误。不要对抗自己假想中的弱点，而是要对抗唯一值得对抗的弱点，也就是扭曲的自我认知。请深呼吸，然后告诉自己，不要在呼吸的时候忘记：我就是我，这就是全部的我！这样就行了。

乐趣和快乐

那些总是对自己感到不满意的人经常承受着"缺乏快乐综合征"的痛苦。在极端情况下，他们只能识别出两种状态：要么他们感到疲惫无聊，要么他们感觉备受压力和精神崩溃。光是缺失快乐还不够糟糕，它还会对免疫系统产生负面影响。所有的心理学以及医学研究都证明了其中的关系。生活的乐趣以及找到其中所蕴含的意义就是对抗疾病最好的保护措施。压力会让人生病，其影响比吸烟或不良饮食更严重，这一点也在研究中得以体现。

因此，"不安星球"上的生活隐藏着的是长期的健康风险。

如果你想要快乐，除了我在这本书中所推荐的措施，你还需要全力以赴地在生活中获取更多的愉悦和乐趣。如果你的心情不好，你的寿命就不会很长。

请撰写"快乐传记"吧！

也许你十分擅长撰写"缺陷传记"。请你回顾你的人生并了解：是什么让你如此顽固？你又遭遇了哪些不幸？发生过哪些好事？战胜了哪些困难？在哪里获得了幸福？你因为哪些成就而感到骄傲？你的父母做了哪些不错的事？我的一位来访者与他父亲的关系很不好，但他也会发现与父亲在一起时幸福时刻。他们会一起去到森林深处，这就是他与父亲待在一起的和谐快乐的时刻。当这位来访者想到这里时，他觉得自己的父亲沐浴在温暖的阳光中，这拯救了他。痛苦及其他的负面感受会让精神受到压迫。正如我在前几章中向你建议的那样，请感知自己的愤怒，不要否定自己所感知到的言语。我们必须首先感受自己的愤怒和攻击性，然后才能够去瓦解它，与它和解。

那些乐观的人，对自己的生活感到满意的人，他们可以自动撰写自己的快乐传记。当他们面对悲伤以及倍感压力的生活经历时，他们可以从中找到积极的力量。所以，他们会在潜意识层面将自己的生活故事染成粉红色，这一点在很多心理学研究中都得已证明。这种提升价值的"记忆缺失"会带来健康的效果，因此些许美化也无伤大雅。

激活自己的奖励系统

在前面的内容中，我已经提到过，我们大脑中的奖励及惩罚系统。在这里，我想给你一些其他的建议，来帮助你主动打开自己的奖励系统。

当你陷入自我毁灭的想法和感觉时，要告诉自己：停下来！让自己的思想转个弯。回忆起一次失败经历，你在这次失败经历后再次建立了信心。思考自己在能力和性格上的优势。将你的能量指向于未来和改变。用行动导向性的方式去思考，你的座右铭是"虽然没有，但我也要试一试"。这样一来，你就会把自己当成榜样。例如，我很喜欢看音乐选秀节目，我为那些候选人的能力感到惊讶，他们就算受到毁灭性的负面评价，之后也能振作起来，进入下一轮。他们往往还能在下一轮勇敢地证明自己。他们并没有因为负面的评价而一蹶不振，而是将这些批评变成了建设性的建议。这些年轻人就是很好的例子。你也可以想一想那些隐退的明星，他们原本已经被遗忘，但他们也会重新振作。在"安全星球"上有一句话是怎么说的？

"摔倒并不可怕，可怕的是爬不起来！"

那些将奖励系统运作良好的人可以自如操纵这种反转：他们有着强烈的动机，让自己从痛苦的境遇中解脱出来。如果他们对自己的信任发生动摇，那么他们会利用自身的能力和策略，让自己重新振作起来。

关于成功，我还想说一句话：你要时刻考虑自己的需求和愿望。你来到这个世界并不仅仅是为了满足其他人的期望。

允许自己感受快乐

如果你获得了成功，或者有一段美好的经历，就尽情感受这种快乐吧。让自己投入到这种情绪当中去。不要马上扼杀掉这种情绪，有一个词很贴切：快乐至上！

卡蒂是一位年轻的大学生，她有一次对我说："以前当我取得好成绩的时候，我立马就会想，我还需要做什么。但是现在，如果我取得了不错的成绩，我会尽情地享受这种幸福的感觉。"我问她是如何发生改变的，她告诉我："我只是变得更加自信了。这意味着，我看见了自己的强项。从前，我的眼里只有自己的缺点。"

规划自己的空闲时间

如果一个人想向自己的生活中注入更多的快乐，他就应该尝试享受自己的空闲时间。人只有在空闲时，才会有空闲时间，所以，我提醒你，规划好自己的工作时间，并且设立可以实现的目标。重要的是：下班时刻，至少在星期天的时候，你应该享受自己的生活。当完成一件事时，你要给予自己一些奖励。想想看，给自己充电是多么重要，否则你就会生病，这个过程没有任何人可以得到好处，特别是你自己。

请你规划好空闲时间，不要等待接下来会发生什么。我的一个来访者向我抱怨她在周末很孤独。尽管他有着固定的朋友圈，但是他很少主动提出邀约。他是个单身汉，认识很多对情侣，他觉得那些人只想把周末的时间留给自己。然而这纯属他自己的想象，我告诉他，很多情侣跟单身的朋友在一起也会有许多乐趣。除此之外，他还是个好厨师。有哪对情侣不期待一顿美食大餐呢？

请你思考，是什么让你感到幸福？请将你的愿望付诸实践。如果你喜欢跳舞，就去跳舞。规划一下。如果有必要的话，请在家里使用自己自由的权利。

请大笑！

请尝试着尽可能多地去笑，我们完全可以创造这样的场景。在这本书里，我讲述了不少尴尬的故事，下面的这个故事讲出来也无妨：我是一名心理学评论家，我的工作性质非常严肃，我经常需要拜访我的来访者，所以我开车的机会很多。有一天，我对自己说：你笑得太少了，你的工作一点儿也不有趣。为了调剂我的工作，我用我的 CD 机播了一套语言课：卡纳基什语。对于那些不了解这个语言的读者，我想解释一下：卡纳基什语是一种年轻人的流行语，派生自土耳其语和德语，或者按照维基百科的说法：这是土耳其移民的特殊方言。这个语言通过电影《埃尔坎和史蒂芬》被大家熟知。在我学会这门语言之后，我还学习了其他喜欢的语言，也就是奥地利语。我在听小型歌舞演员约瑟夫·哈德的奥地利语原始版本时，笑得眼泪都出来了。

所以，请不要等待着乐趣找到你，而应该是你自己找到乐趣。

骄傲

谦虚是一种美德，这没有错。但是当我们取得了不错的成绩时，我们会感到骄傲，这也没错。很多人害怕为自己的成就感到骄傲。这与关于骄傲的许多负面的刻板印象有关，正如很多名言警句所表明的那样。骄傲在很多人身上变成了一种缺陷，那就是过分夸赞自己和傲慢。然而，骄傲是一种重要的情绪。它是对自己感到巨大满足和喜悦的感受。从原则上来说，这就是我们所追求的感受。

很多人担心，骄傲会引发过度夸赞自己，所以他们不敢这么做。另外，很多人还将其转变为一种错误的谦虚方式即过度谦虚。很多人都感到不自信，因为他们觉得自己的成就似乎还不够让他们感到骄傲。他们对于完美的追求常常站在骄傲的对立面。

所以，我想鼓励你安心地对自己感到骄傲。特别是当你取得了一定的成就时，将自己的设想付诸实践。请为自己感到骄傲吧。

◇ 当你没有发现更有说服力的反对意见，能在讨论的过程中坚持己见时。

◇ 当你能在某个情境中开放并诚实地对待自己时。

◇ 当你每天能完成提升自我价值感的练习时。

◇ 当你想说"不"，并且真的说了时。

◇ 当你知道自己的优势时。

◇ 当你愿意接受挑战时（而在此之前，你迟迟不敢接受）。

◇ 当你友好地面对一个很难相处的人时。

◇ 当你尽管害怕，但还是勇于面对其他人时。

◇ 当你尽管害怕，但还是可以为自己主张时。

◇ 当你在失败之后重新站起来时。

◇ 当你接受自己的不安时。

◇ 当你对自己诚实时。

◇ 当你友好地面对自己的缺点时。

◇ 当你可以坚持自己的信念时。

◇ 当你可以公开地面对一次冲突时。

◇ 当你只是诚实地做出努力时，你也可以为自己感到骄傲。

这就是你，全部的你！你非常好。

第四部分

改变自己生活的练习

第十二章　责任和受害者身份

在我多年从事心理治疗师和研讨会负责人的从业经历中，我越来越清晰地发现一个没有被重视的方面。这一开始听起来可能是乏善可陈的：为你和你的感受承担起责任！这样的话几乎在每本生活咨询类书籍里面都可以看到，而且我在前文中也已经对此进行了论述。

然而，我想再次提及这个话题并进行讨论的原因在于，我认为承担起自我责任是一个人最重要的生活任务，这也是个人发展的重要基石。

在过去的多年中，我发现很多人没有意识到，自己一直作为受害者生活着。作为心理咨询师，我需要更长的时间来了解我的来访者所处的状态。这些来访者在每次治疗时都会准时出现，并且完成所有的练习。他们非常勤奋，且执行度高。但他们并没有发生什么改变。他们的解释是："理论我都懂，但我就是无法做出改变！"他们会说，尽管我明确地知道伴侣对我不好，但是我就是无法与之分开，或者我做不了这个事情，因为我太害怕了。

这种类似陈述的内核在于：我无法帮助我自己，请拯救我！我可以去读咨询类的书籍，接受心理咨询或者去听研讨课——我可以做所有要求我做的事，并且完成练习，但是我同时深深地相信：我无法改变自己的感受和想法。你必须帮助我。

这种在潜意识层面拒绝对自己的生活负起责任的行为，从外部便阻断了所有的帮助措施。很多人在童年时期经受了创伤，并且在感受上已经"僵硬"。这种"生存程序"已经打开，并给他们提供功能帮助。其背后隐藏着的是巨大的恐惧，即害怕自己被可怕的感受侵蚀。我将在下一个章节中来讨论这个话题。

在这里，我想请你将手放在自己的心脏上，并且深刻地体会，你觉得谁应该为你负责？诚实地问问自己，并且让你的内心告诉你答案。是你的伴侣吗？你的咨询师？还是你的爸爸妈妈？如果你在这次诚实的自我检测之后还能说出，你希望从外部获得拯救，那么请你拍拍自己的肩膀，告诉自己，要勇敢地认识自己。现在，我们进入下一步，我们要识别出，这种想法可以给你带来什么样的保护功能。现在，请将你的注意力集中在你的胸腹部分，也就是你感受的区域。请感受你的内心，如果把生活的责任推给其他人，会产生怎样的假想优势呢？

◇ 我害怕失败，于是我干脆什么都不做，这样我就可以保护自己免受失败。

◇ 等到我老了再说。我年老的生活尽管也有着不好的地方，但是它意味着安全：这我很了解。

◇ 我告诉这个世界（具有代表性的是我的父母），在我身上发生了不公平的事情，没有人或事可以弥补这种不公平。这可以给我带来某种程度上的宽慰。

◇ 我可以把我当前状态的原因归咎到其他人身上。只要我没有行动，我就没有做错任何事情。

◇ 我的内心有着抑制不住的、冷漠的和被排挤的愤怒。我生活得越不好，我就越会向其他人（伴侣、孩子、父母）报复，他们要眼睁睁地无力地看着我的痛苦。

◇ 我在想解救自己时，会感觉自己不是一个人。为了能够承担起这个责任，我必须孤身一人，只有我自己可以救自己。

◇ 虽然我想改变自己，但是我太懒了，我没有办法去做。我希望，我有一天能够获得更多的能量去实现它。

意识到你把自己看作受害者，这会对你有所帮助。请你再次问问自己的内心，是否真的有所帮助呢？你可以在任何时间里决定，你是想停留在受害者的身份里还是逃离出来。我可以向你保证的是：只要你决定为自己的感受和决定负责，你就可以改变自己的人生。

认清现实

我们生活中大多数问题的根源来自我们认知现实的方式和形式。认识世界以及自己是我们意识的基础。意识就是认知。我们只能对我们意识到的事情做出反应。困难在于，我们的认知还受到我们潜意识层面的影响。我们很多时候意识不到，我们内在的想法是如何决定我们能认知以及不能认知的事情。人们甚至几乎可以认为，我们只能认知到我们所相信的事情。很多心理学实验都证明了这一点，我最喜欢的实验是以下这个：实验者需要在一场球赛里找出发生了多少次传球。参与者中只有12%的人在比赛的过程当中发现了异常情况，也就是一个异状的大猩猩出现在了比赛场地。88%的人都没有看到这个现象。也就是说，就算一件事在我们眼前发生，也不意味着我们可以感知到它。（这个实验以及对应的研究由心理学家丹尼尔·西蒙斯以及克里斯托弗·查布里斯在1999年完成。）

现在我们可以想象，我们的大脑就像一张地图，它通过现实来指导我们。这张地图越精确，就越难引领我们度过人生。然而，这张地图其实非常不精确，而且极具主观性。它受到我们遗传基因以及人生经历和文化环境的影响。

另外，我们人类的感知系统本身就存在缺陷。我们听、看、闻及感受到的东西来源于感觉器官提供的印象。这只是外部实际发生的一小部分。这种限制性条件已经根深蒂固，以至于我们无法把它从我们的内心分离出去。我们只能有限地与自己的主观性分离。然而，所残留的可供使用的空间很小。

扭曲我们感知的最重要的一个动机是我们努力逃避疼痛的状态。我们有强烈的意愿去逃避大大小小的现实。我们非常害怕孤独、疼痛和恐惧的感受。我们不想感受到这种感受，无论如何都想避免它。因此，我们是排挤方面的冠军。

很多人只是为运行自己的生命而生活。他们没有意识到，自己已经失去了与自身感受的联系，也就是说，他们仅仅感受到了那些"被允许的"感受。甚至很多人都承受着自己无法感受的痛苦。他们既不痛苦也不快乐，他们觉得内心空虚，好像生活把他们割裂出去了。也有很多人让自己陷入了一种"人生谎言"中，也就是说，他们的行为源自他们认知到的理想情况下应该有的行为。他们并没有意识到自己已经失去了与自己感受的联系。生命其实意味着感受。如果我们排挤了让我们感受到疼痛的感觉，我们就会错误地意识到我们自己无法忍受，其代价就是我们也放弃了我们认知真实的一部分。另外，我们在潜意识层面也很难进行区分。如果我们为了避免疼痛决定不去感受，那么我们会打好掩护，你去感受那些被感知到的内容是由空虚、无聊以及潜意识层面的不舒适感而制成的一碗感受混合物。为了尽可能避免这一点，我们最好让自己忙碌起来。当疼痛的感觉来临时，我们要使用不同的策略来保护我们自己。工作成瘾、追求完美、追求权力、追求成功，都只是自我保护的一些策略，不能帮我们解决根本性的问题，只是把问题推到了一边。不管我们想或者不想，我们总是把自己变成施暴者。我们否认自己容易受伤的现实，因此看不到自己的弱点及其他人的自然边界。

例如，一个老板受到自己对成功欲望的驱动，不断刁难自己的员工，他把自己变成了一个有罪的人。正如一位极度压抑自己愤怒的员工会破坏团队合作，或者一位在孩子身上看到了自己的母亲，她会忽视自己孩子的独立个性，害怕自己的孩子会成长为（像她一样）的失败者。

我们总是将自己压抑的影子转嫁到其他人身上，这会让我们受到极大的伤害。这也是这个世界丑陋的一面。因此，当我们与自己相处时，不仅要关注我们个人小小的幸福，还尤其不要成为一名行为人，或者换句话说：我们要做更好的人。

我们发现，我们对于世界的认知从本质上来说是我们内在生活的结果。我们把内心世界投射到了外部世界。每个人都知道这个现象：如果一个人心情很糟糕，那么周围所有人都是"笨蛋"。但是，如果一个人心情不错，最好是刚刚恋爱的情况，他就会想：哪里有笨蛋呢？这一点也会发生在极度不自信的人身上，当他收到友好的微笑时，他会想：为什么你笑得这么愚蠢？难道你是在嘲笑我吗？

我们变成行为人，并不是硬币的黑暗面。换句话说，如果我们没有认识到问题所在，我们就没有办法解决问题。那个野心勃勃的老板的行为来自自己被排挤的低自我价值感，如果他没有认可自己内心的阴影，那么他又如何做出反转呢？实际上，并不只有他的员工受到了他的折磨，受到折磨的还有他自己。他的太太离开了他，他与自己的孩子也没有联系。他濒临崩溃，对失败的恐惧始终与他如影随形。只有在晚上的时候，他才能再度进入平静。

因此，我想要鼓励你尽可能诚实地面对你的内心。保持你最害怕的感受。没有任何一种感受会持续存在，但我们要允许自己面对这些我们用尽全身力气去逃避的感受，我们内心甚至会出现解决措施。

练习

你也可以将这些练习作为你生命中内在态度的一种方式，并且把它融入你的日常生活中。从原则上而言，它指的是不要去排挤那些让你感到有负累的感受，而是尝试着去欢迎他们，并且在你的内心给它们腾出空间。以下的练习来源于"集中"方法，它的创始人是尤金·根德林。

第一，上你的眼睛，将你的注意力集中在自己的呼吸上。

第二，请设想，你是主人，你的感受是你的客人。

第三，请你想象你生活中的一个场景（现实的或过去的），这个场景给你带来了烦恼。让这些感受出现，就像欢迎你的客人那样。友好地问候它们（尽管它们只是感受）。例如，你可以向你的感受客人说：你好，对失败的恐惧，你又来了，我已经认识你很久了，欢迎你。

第四，请允许你的感受出现。你不需要做什么，你不需要加工这些感受，也不需要去解决这个问题，而是让它出现。在大多数情况下，会出现一种合适的解决方案。

第五，现在你可以想象，你是一名研究员，你的任务是经历并且研究这些感受。请观察它，在所有的角度里感受它，允许它所带来的所有画面和想法。

第六，请你给这些感受留一个"好位置"。请记住，主人是你，而不是这些感受。意义在于，你可以体会这些感受，不管这些感受多么没有意义或者让人感到负累，请让这些感受成为你的一部分。很多人都有着这样的经验，当自己不再持续以对抗和反对的态度面对它，而是采取接受的态度时，自己反而觉得轻松。你与自己的反抗和斗争也会因此结束。

如果对抗过分强大

如果你感受到强烈的对抗性，觉得这些感受无论如何都没有办法在你的内心生存，那么你也许有着创伤性经历。也许你在童年经历了糟糕的事情，所以你的身体和大脑决定无论如何都不再允许这些感受出现。这种对抗对于生存是重要的。在这种情况下，这种反抗就是有价值的。请你感受这种对抗和阻滞——你究竟在身体的什么位置感受到了这种对抗？也许是腹部感到沉重的压力？喉咙抽紧？明确地感受它。请你倾听，这种对抗对你说了什么？它也许在说："请不要让我体会这种感受——我什么都感觉不到，这样就很好！"请你严肃对待对抗给你发出的信号。如果你正确地感觉到了这种对抗，那么它会让自己放松下来并尝试着告诉你其背后的情绪。

如果你觉得，自己受到的创伤过重，自己的心理状态极度不稳定，没有办法做这个练习，那就请你去寻求专业的帮助。在那里，你可以找到能保护你的场所，以处理那些陈旧的创伤。

阴影小孩和成人的我

正如我所提到的那样，内在小孩是我们童年经历的一种比喻。在我的另外一本书《给内心的小孩找个家》中，我把内心小孩分为阳光小孩和阴影小孩。阴影小孩代表有问题的童年经历，这会给我们带来负面的影响，而阳光小孩则代表着美好的童年经历，这会成为我们长大之后的重要心理资源。

在前文中我提到过，我们的认知总是受到主观的强烈影响。在这里，阴影小孩扮演着非常重要的角色——毕竟它首先是我们后来经历中经常需要面对的负面影响。阴影小孩代表着我们自我价值感的一部分，它让我们觉得自己是脆弱的，是缺少价值的，它阻断了我们内心的联系。如果你完成了上一个小节中的练习，也许你已经与自己的阴影小孩建立了联系。也许，它总是在不确定的生活恐惧、抑郁或者巨大的孤独感中出现。正如我所描述的那样，重要的是你不要把让自己感到负累的感受放到一边，而是要有意识地去接受它，换句话说，重要的是，将你的阴影小孩捧在手心。在前文中，我也写到了相关的话题，但在这里，我还想进一步描述人们怎么更好地识别和管理自己的阴影小孩。

阴影小孩是通过负面的信念以及消极的情绪体现出来的。信念是内心深处的想法，这是我们在童年时期所获得的。正如我在前文中写到的，我们从爸爸妈妈那里获得信念，比如我们是否值得被爱，是否值得其他人来照顾我们。经历形成了我们的信念。大多数的信念围绕着价值感缺失和孤单这两个话题，并对应着包含恐惧、愧疚和孤独。典型的信念是：

我没有价值。

我不值得。

我是孤单的。

这类信念还有着很多的变体，比如：我很矮、笨、胖、有病，我做不到，我无法完成，我一个人做不了，没有人爱我，我不可以犯错，我必须完美，等等。这些信念也是自我价值感的程序语言。

练习

请你再次检查自己，并且尝试着精确地定义自己的阴影小孩。

第一，请你设想自己回到了童年。你的父母是如何与你相处的呢？你是否感觉被爱、被理解和被保护呢？你的父母是否支持你的独立自主性？在解决问题的时候，你是否有罪责感？

第二，你内心产生的内在想法（信念）有哪些？

第三，感受这一切。

第四，把你的阴影小孩捧在手心，告诉他，你看见了他，听见了他。

发现和转换

现在，请你将所有的感受倒出，请你回到自己清晰的理智中来。请你有意识地从阴影小孩的感受转换至成人的感受上来。换一种姿势并转换在空间中的位置会更好。

保持一定的距离去观察成人的自己，思考你的信念是否真的合理，或者它只是你关系的一个产物。如果你想象自己的父母不一样，或者你甚至有其他的父母——你的信念会不一样吗？这些信念难道不是你父母的阴影小孩的结果吗？请你清楚地意识到，你的信念完全是专制的产物。

如果当你未来发现自己进入了阴影小孩的模式，因为你感觉自己很可怜，并且觉得自己不值得并且不中用，那么请你马上切换至成人模式，并且与这种状态保持一定的距离。你的阴影小孩是你的客人——你是主人，你不是那个阴影小孩。安慰自己的阴影小孩，告诉他，他之前的生活并不容易，现在他们——也就是成人和阴影小孩——都长大了，他们之间的关系完全发生了变化：现在他们自由了，不再依赖爸爸和妈妈了。

你可以在日常生活中嵌入这个练习。其内核是不要去认同自己的阴影小孩及错误的信念。在这里，你必须在日常生活中重视自己，这样当你再次进入阴影小孩模式的时候，你才能意识到。因为只有你发现了这种情况，你才可以切换至成人模式。重要的是，你要尽可能早地去发现，因为这时候这些感觉还没有很强大，这是管理这些情绪的最佳时机。

测试：你是内向型人还是外向型人

在正文中，我已经简短地提及了内向型人与外向型人的不同个性特征。我想在这里再加入一些新的知识点，因为这些特征对我们的个性产生了重要的影响，并且这些特征是由遗传获得的。我们究竟是内向型或者外向型的人，这与我们接受的教育关系不大。当人们知道，尽管不喜欢自己的某些特征，但也很难做出改变时，就会感到轻松。举个例子，我自己很难进入冥想模式，所以我也没有再继续尝试。我觉得冥想很无聊。我也因此总是批评自己。但当我知道，外向型人格的人更喜欢从外部世界寻找刺激，因此比起内向型人格的人而言，他们很难去冥想，这样一来，我便能更好地去接受自己的这个缺点了。我在这本书的很多地方都提到过，自我接受很重要。因此，我想在这里对内向型大脑和外向型大脑的几点事实特征再进行补充说明。

　　内向型大脑和外向型大脑的运作方式是不同的。交感神经以及副交感神经是生长神经系统的两大重要成分，这个系统的运行是自动的，我们很难去影响它。交感神经也就是所谓的活动神经，它能让身体做好战斗和逃跑的准备。副交感神经是安静神经，它的任务是让身体复原和休息。交感神经的神经递质是多巴胺，而副交感神经的则是乙酰胆碱。外向型人格的人更多地受到交感神经的控制，内向型人格的人则是受到副交感神经的影响——这对于一个人的存在和行为有着深远的影响。首先我们进行一个小的自我测试。

测试：你是外向型人，还是内向型人？

请你回答以下的问题。不管是内向型还是外向型，这里都指的是一种倾向性，它的意思是说，我们对于一种或另一种个性风格有着某种程度的优先权，但并不意味着，我们不能换种做法。如果你在某些问题的答案是折中的，那么请问一问你的内心，你更倾向于哪种选择。

1. a）有时候我会思考很久，但仍然说不出任何话。

   b）我经常说得要比我想得快。

2. a）当我遇到个人问题时，我必须和其他人讨论，才能更好地整理自己的思绪。

   b）当我遇到一个问题时，在我说之前，我必须先自己好好想一想。

3. a）当我独处的时候，我能更好地恢复精力。

   b）当我和其他人相处时，我总是精力充沛。

4. a）我倾向于从事那些与人们交流的工作。

   b）我更喜欢一个人独自工作。

5. a）我喜欢派对和重大的节日。

   b）我不喜欢派对和重大的节日。

6. a）我不会很快进入强烈的情绪中。

   b）我的情绪总是本能的、强烈的。

7. a）我是冲动的类型，喜欢冒险。

   b）我更加深思熟虑，并且把安全放在第一位。

   问题 1：a）内向型　b）外向型

   问题 2：a）外向型　b）内向型

   问题 3：a）内向型　b）外向型

   问题 4：a）外向型　b）内向型

   问题 5：a）外向型　b）内向型

   问题 6：a）内向型　b）外向型

   问题 7：a）外向型　b）内向型

外向型

外向型的人更多的是受到交感神经的影响，需要更高水平的多巴胺，让自己保持富有朝气的状态。如果他们的多巴胺水平过低，他们就会感受到无聊的压力。比起内向型的人，他们对于"行动"有着更强烈的需求。外向型人群喜欢社交、活动和集会——也就是那些让人活跃的场合。然而，外向型人群很难安静地坐着去听取自己内心的声音。这并不意味着他们是肤浅的，而是外向型人群在进入思考之前，需要受到启发，也就是外在的一个反射面。然而，这也是他们的缺点，因为他们过分依赖外在环境，所以他们也容易做事情囫囵吞枣。

外向型人群之所以有着高水平的多巴胺，还因为他们大脑中的奖励中枢（伏隔核）被激活了。这意味着外向型人群更着眼于奖励。他们的大脑在寻找刺激。美食、性、酒精、成功、职业成就都会使他们释放出大量的多巴胺，比起内向型人群，外向型人群对于自我舒适感的追求更急迫。为了能够得到眼前的奖励，外向型人群也做好了冒险的准备。"没有冒险就没有快乐"是外向型人典型的座右铭。这种性格的人有着自己的优缺点：一方面，他们因为有敢于冒险的勇气，能够获利更多；另一方面，如果他们的行动没有进行深思熟虑的思考，他们也会丢失更多的东西。他们喜欢快速行动，这有时候会导致他们在处理一些事的时候过于浮于表面。他们对于冒险的快乐也会使他们犯下巨大的错误。因此，我建议所有的外向型人群在思考时留有空间，特别是在做出重大决定的时候，要强迫自己尽可能地获取更多的信息。

因为有多巴胺，比起内向型人群，外向型人群更容易兴奋、激动和感情热烈。因此，外向型人群整体上要比内向型人群更快乐，心情更好。然而，他们也比内向型人群更冲动，有着更强烈的情绪波动。他们的冲动在压力的作用下会转变为攻击性。这是他们的阴影面。因为这个巨大的风险，攻击的可能性也伴随着更优越的冲突能力。与深思熟虑的内向型人群相比，他们更容易击中要害。外向型人格更勇敢，也更容易得罪人。除此之外，他们更容易"主张自我"，这个意思是说：他们能很好地表达出自己的想法。从积极的角度来说，外向型人群经常是出色的自我推销者和表现者。

平衡外向型性格的一些建议

当外向型人群陷入自我怀疑时，按照他们的气质，他们更倾向于积极地获取关注和奖励。他们努力让自己被别人喜欢。与内向型人群蜷缩到自己的世界中的做法所不同的是，他们会向外界寻求肯定与认可。在这个过程当中，他们有时候并不挑剔，这会影响到他们的关系质量。就算他们没有找对建立关系的对象，也不愿意独自一人，他们更愿意与"某个人"在一起，而不是一个人默默承受一切。他们也很容易陷入热闹的活动中，目的是采取一切措施让自己从糟糕的状态中脱离出来。他们还存在另外一个问题，即他们会把自己糟糕的情绪转变为攻击性及争吵。

◇ 对于外向型人群而言，十分有益的做法是，如果他们有意识地向自己的内心提问：我刚刚究竟做了什么？通过更加精确地分析自己的感受状态，他们就能够有目的地采取措施，而不是不假思索地陷入匆忙之中。

◇ 如果你属于自我关注的类型，并且发现你既喜欢自己，也喜欢引起其他人的注意。那么，请注意，宁缺毋滥。你不需要成为每个人的宝贝，也不需要讨得每个人的喜欢。几个挚友要比一群表面的熟人重要得多。

◇ 其实对于外向型人群而言，他们只要不过分地在外部世界花费精力，就已足够。请你更多地将个人认可放到自己身上，而不是着眼于外部世界。你可以通过思考自己的优缺点来做到这一点。这本书中的很多练习都可以帮助到你。

◇ 请你训练自己成为一名倾听者。因为外向型人群更喜欢说，所以有时候他们会遗失很多重要的信息。请你注意，内向型人群往往需要更长的时间来打开自己。请你给予他们一些时间。集中精力去倾听另一个人也是转移对自己问题注意力的一种健康方式。

请你注意到自己的冲动性——冲动有时候会给你带来更多的问题。请你努力尝试着建立更好的氛围。更重要的是：不要陷入自己糟糕的情绪中。请你用相对性的眼光在合适的标准上评价自己的烦恼。

内向型

在内向型人群的大脑中，比起奖励中枢，杏仁核扮演着更加重要的角色。杏仁核是恐惧中枢。所以，内向型人群需要安全感和稳定性来让自己感到舒适。基于他们较高的恐惧意愿，面对外部世界的信息，他们的表现更加警觉和小心。他们是精准的观察者，因为他们的这种特性，比起粗心大意的外向型人群，他们确实很少出现事故。因此，内向型人群需要与世界保持着某种安全距离。他们是安静的类型，他们的能量作用在内部。当内向型人群的醋胆素水平过低时，也就是说，他们不得不接受大量的输出和行动时，他们会表现得激动。

内向型人群经常会陷入自己的沉思，并且人们也不容易猜透他们的内心所想。他们生活得小心又谨慎。比起外向型人群，内向型人群通过冥想这种活动能更好地感受内心。他们相对更容易陷入冥想，而外向型人群则很快会出现不耐烦和无聊的迹象。

当内向型人群对某件事情感兴趣时，他们可以集中注意力长达数小时，并且完全醉心于他们的活动。他们不需要任何人，甚至很多天都不需要其他人。总而言之，他们完全不依赖外在世界。他们享受个人的空间，当他们没有足够的时间留给自己时，他们会感到烦躁。因为这种能够持续专注于一件事的能力，所以他们中的一些人在学业上能取得出色的成绩，或者能够成为某些专业领域的专家。外向型人群虽然也能学得不错，掌握出色的专业知识，但是长达数小时专注某个主题对他们来说是不容易的。很多内向型人群喜欢写作。他们很擅长表达自己深刻的想法和丰富多彩的内心世界。所以，很多作家都是内向型人群，当然不是全部。

内向型人群很少谈及自己的感受和想法，他们只会更亲密地自由分享。当涉及他们的爱好和感兴趣的主题时，他们会很愿意分享。比起外向型人群，内向型人群更容易陷入自我怀疑，并产生社交恐惧，出于天性的原因，外向型人群更擅长表现。

平衡内向型性格的一些建议

陷入负面自我价值感的内向型人群倾向于封锁自己的内心。在与他人相处的过程中，他们表现得十分谨慎，并且努力地尽可能不要冒犯他人。而这样的方式只会让他们的不安加剧，并且会让他们与其他人的关系变得岌岌可危。当他们状态不佳时，往往会采取消极攻击——他们会选择冷战，让其他人感到难堪。

◇ 如果你为自己丰富多彩的内心而感到骄傲。那么请你意识到，成为一名内向型性格的人完全没有问题。如果你在外向型人群的世界里感到无聊，那么，请你忘记他们的自我表现，只要享受他们说话的过程即可。如果没有一个人倾听外向型人群，那么他们去哪里找到聊天的快乐呢？

◇ 请你对抗自己撤退的本能，有意识地走向人群，与他们结交。请将自己的注意力集中在外界，而不是自己的内心，不要听那些自我怀疑的声音。为了避免你的大脑陷入冥思苦想，请尝试着写下你的烦恼，这样一来，你的大脑就知道了，所有的事情都已写在纸上，冥思苦想没有任何意义。请你打开自己的内心，听一听其他人在说什么。这是一种转移注意力的健康方式。

◇ 请找到一位你信任的人，告诉他你的问题，不要想着自己去消化那些问题。你会发现，说出来更能让你感到轻松。

◇ 培养应对冲突的能力。很少主张自己的愿望和感受，会给你带来问题。请你思考：你越坦诚你与其他人的相处就越容易。请敢于表达并为自己的需求承担起责任。请你思考：比起让对方胡思乱想，开诚布公要公平得多。

◇ 请注意自己的身体。好的身体姿态对你的心情也会产生积极的影响。请你体会自己的感受，当你状态不好时，请有意识地调整自己的身体姿态。

后 记

当我懒散地睡在我的吊床上时，阳光让我觉得温暖。我应该早点儿晒晒太阳的。我学会了在我的生命中变得放松，从那篇报纸中的文章，也就是那篇对"安全星球"上的一位居民的采访开始。读的时候我在想，这个人在胡说八道，但是这个人说的话一直在我脑中盘旋。我开始在网络上搜索，我想要知道是否真的存在着那样一个地方。让我感到惊讶的是，相关的信息非常多。我找到了一个论坛，还有一些来自"不安星球"的人，他们也看了这篇文章，也来到了这个论坛。因为我用的是假名，所以我敢提一些开放的问题。我提的第一个问题是：是否真的有人可以接受自己的缺陷？然后我立刻得到了上百条回答。回答问题的人有很多都是从"不安星球"搬到"安全星球"去的。

我跟一位女士建立了紧密的联系。她写道，搬到"安全星球"一直以来都是她的梦想。她在青少年时期就听说了"安全星球"，然后就一直谋划着自己的移民条件。一开始，她觉得自己不行，但是她一直在抗争，并且没有放弃。关于我的问题，她的回答是：最难的是卸下伪装。她一直在有意识地练习。她总是在特定的场合强迫自己摘下隐身帽。当她第一次卸下伪装时，她觉得自己好像没穿衣服。随着时间的推移，她发现这并不是什么糟糕的事情，她变得越来越勇敢了。她觉得不戴隐身帽并自由地呼吸，是一件多么美妙的事。虽然她一直带着隐身帽，但是她很少戴上它。我接着问她，把自己的缺点暴露在外，她是怎么坚持下去的。她说，一开始这确实很难，但是她意识到，其他人并没有像她一样把她的缺点当回事。有些人甚至根本没有发现她的缺点，好像她还戴着隐身帽一般。随着时间的推移，她逐渐放松下来，并且觉得："如果是这样，那么我根本不需要给自己那么大的压力！"然后，她开始真正变得快乐，她发现自己的生活是那么轻松。在她还戴着隐身帽的时候，她处处谨言慎行，也会经常生病。

她继续对我说她是怎么训练自己接受自己和自己的想法、愿望及恐惧的。她敢于开诚布公地谈论，也敢于面对批评。有时候这确实让人觉得疲惫，但是她通过这种方式学会了为自己承担责任。从前，她总是觉得自己是个受害者。然而，这条路上最重要的一点是她学会了接受自己。从前，她总是在考虑其他人对她的看法。那时候，如果她把自己看得过分重要，她就会觉得自己很自私。但是，现在她的看法不一样了：她越珍惜自己，就越容易喜欢他人，因为她面对他人时不再感到害怕。

"年轻人，年轻人……"这个声音让我吓了一跳。我感觉自己好像被人推醒了。我对很多事情都产生了疑问，而在此之前，我觉得这所有的一切是理所应当的。这很艰难。也许我逐渐意识到，这些事情只在我的脑中发生，包括与强者对话以及面对专制。我想小心地开始在"不安星球"上与一些人坦诚地对话，问一些问题。我惊讶地发现，很多人和我一样。他们也会自我怀疑，也会恐惧。这真的让人感到安慰，我突然觉得自己不是那个唯一的战斗者了。引人注意的是：我越是变得坦诚、勇敢，好像强者就越来越少。我很少能看到他们了，或许是因为我对他们的看法不一样了？关于这一点，我还要搞清楚。不过，我想先和我的爱人还有我的孩子们去吃一个冰激凌，毕竟今天是个星期天。